通货膨胀对家庭资产配置的影响研究

Study on the Impact of Inflation on Households' Asset Allocation

徐向东 著

中国科学技术大学出版社

内 容 简 介

家庭是一个重要的微观经济研究对象，通货膨胀一直是宏观经济研究领域的关键变量之一。研究通货膨胀与家庭资产配置两者之间的关系，是宏观研究联接微观基础的重要桥梁。本书主要考察通货膨胀对家庭资产配置的影响。

本书首先将家庭财富按流动性程度分为强流动性资产、半强流动性资产和弱流动性资产三大类，分别考察通货膨胀对不同类型资产价格变动的原理与内在机制，分析通货膨胀与三类资产的关系，通过数理分析或实证分析通货膨胀对各类资产价格波动的影响。

图书在版编目(CIP)数据

通货膨胀对家庭资产配置的影响研究/徐向东著. —合肥：中国科学技术大学出版社，2018.1

ISBN 978-7-312-04363-5

Ⅰ.通…　Ⅱ.徐…　Ⅲ.通货膨胀—影响—家庭财产—家庭管理—研究
Ⅳ.TS976.15

中国版本图书馆 CIP 数据核字(2017)第 314970 号

出版　中国科学技术大学出版社
安徽省合肥市金寨路 96 号，230026
http://press.ustc.edu.cn
http://zgkxjsdxcbs.tmall.com
印刷　合肥华苑印刷包装有限公司
发行　中国科学技术大学出版社
经销　全国新华书店
开本　710 mm×1000 mm　1/16
印张　7.25
字数　112 千
版次　2018 年 1 月第 1 版
印次　2018 年 1 月第 1 次印刷
定价　32.00 元

目　录

第 1 章　导论 …… (1)

1.1　引言 …… (1)

1.2　国内外研究现状 …… (3)

第 2 章　资产及家庭资产配置 …… (14)

2.1　资产的概念及特征 …… (14)

2.2　资产的分类 …… (16)

2.3　影响家庭资产配置的因素分析 …… (19)

2.4　资产流动性的重要性分析 …… (22)

2.5　强流动性资产、半强流动性资产、弱流动性资产 …… (25)

第 3 章　通货膨胀影响家庭资产配置的理论与内在机制 …… (27)

3.1　引言 …… (27)

3.2　通货膨胀影响强流动性资产价格的理论与内在机制 …… (29)

3.3　通货膨胀影响半强流动性资产价格的理论与内在机制 …… (31)

3.4　通货膨胀影响弱流动性资产价格的理论与内在机制 …… (36)

3.5　家庭资产配置理论 …… (39)

第 4 章　通货膨胀与强流动性资产 …… (42)

4.1　引言 …… (42)

4.2　通货膨胀对我国家庭持有货币财富的影响分析 …… (44)

4.3　通货膨胀对我国家庭持有活期存款的影响分析 …… (47)

第 5 章　通货膨胀与半强流动性资产 …… (52)

5.1　中国股票市场 …… (52)

5.2　通货膨胀与股票收益的相关性分析 …… (55)

5.3 通货膨胀与家庭持有股票资产的数量关系 …………………………（61）

第6章 通货膨胀与弱流动性资产 ……………………………………（66）

6.1 引言 …………………………………………………………………（66）

6.2 通货膨胀与房地产投资收益的相关性分析 …………………………（68）

6.3 通货膨胀与房地产投资总量的相关性分析 …………………………（73）

6.4 通货膨胀与黄金价格 ………………………………………………（76）

第7章 通货膨胀与家庭资产配置 ……………………………………（81）

7.1 引言 …………………………………………………………………（81）

7.2 我国家庭资产配置现状 ……………………………………………（83）

7.3 通货膨胀与家庭资产配置的相关性分析 ……………………………（87）

第8章 总结及政策建议 ………………………………………………（91）

8.1 总结 …………………………………………………………………（91）

8.2 政策建议………………………………………………………………（94）

参考文献 …………………………………………………………………（99）

后记…………………………………………………………………………（109）

第1章　导　　论

1.1　引　　言

2015年，美联储财政账目报告显示，第三季度美国家庭和非营利组织的净资产较第二季度缩水1.23万亿美元，降至85.2万亿美元，降幅为1.4%，主要是由于股市的大幅下跌。2016年，美国家庭财产报告显示，美国家庭在2016年第二季度的总财富为89.1万亿美元，创近十年来最高纪录。家庭财富中包括存款、房产、股票、保险等资产，同时刨除房贷、信用卡等债务。该报告指出，房地产在过去一段时间里价格攀升是本次家庭总财富增长的主要原因之一。

家庭作为经济基本的微观主体，对社会的经济、政治、文化等各个方面的发展都发挥着非常重要的作用。家庭经济行为的综合又形成了市场经济中的消费者行为，市场经济的运行不仅依赖于企业创造活动，还与家庭的消费、投资密切相关。企业生产的产品，在市场中销售以换取货币，再通过向工人支付工资和向投资者支付红利等方式，转化为家庭资产，而家庭则将这些资产，消费购买其他企业生产的产品或投资、购买股票等，家庭作为理性的经济代理人，必定平衡各个方面的支出，以达到整体效用的最大化。

但是，随着信息技术的快速发展，经济全球化的日益融合，影响经济的不确定因素越来越多，各个国家或地区的宏观经济前景使得人们越来越迷茫，尤其是最近几十年，大大小小经济危机的发生，不断伴随着通货膨胀率等宏观经济变量上下跳动，而且还造成了各种资产价格的剧烈波动。家庭作为资产的实际持有者，资产价格的变化必定影响到家庭资产价值的变化，而通货膨胀上升或下降也在一定程度上改变着资产价格，从而对家庭资产的实际价值产生了不同程度的影响。

自从1978年改革开放以来，我国经济体制发生了实质性的变化，由之前的计划经济体制转变为社会主义市场经济体制。与此同时，三十多年来，我国经济总量始终保持着10%左右的增速，人民生活水平快速提升，家庭资产价值实现指数级增长。而近十年来，全球经济环境日渐复杂，尤其是2008年全球金融危机的阴影尚未散开，很多国家为了恢复经济，采取了超发货币等措施刺激经济复苏。比如，我国在金融危机后实施了宽松的财政政策和宽松的货币政策，2009年投入4万亿元人民币刺激经济。然而货币的超发必定会带来严重的通货膨胀，接着就是货币大幅贬值，各类资产价格出现剧烈波动。从2009年开始，我国房地产价格大幅上升，幅度超出了2008年房地产价格的下降。由于通货膨胀滞后与货币超发，2011年的CPI显示，我国的通货膨胀率节节攀升。各类资产都是家庭资产的不同表现形式，家庭如何在严峻的经济环境中实现家庭资产的保值增值，显得十分重要。

从我国家庭居民持有的资产形式来看，1978年在家庭资产金融资产中，储蓄存款占比54.78%，而剩下的45.22%则以现金持有形式存在，这也表明了我国当时不但不存在除存款以外的投资渠道，而且也无法通过资产组合抵御通货膨胀带来的财富损失。进入20世纪90年代，我国证券市场的迅速壮大使家庭不但有了一些投资渠道，而且投资产品的多样化也让家庭能够选择适合自己的资产组合，自行配置股票、债券、商品房、社会保险、基金、银行存款等投资产品。到了2010年末，全国家庭主要资产中，房地产价值为10万亿元，银行存款为63.1万亿元，现金持有4.46万亿元，股票总市值26.5万亿元，社保基金结余2.23万亿元，证券投资基金2.4万亿元，国债1.98万亿元，企业债1.55万亿元。从结构上看，储蓄存款依然占了主要资产总额的54.5%。储蓄存款高占比，不利于家庭抵御通货膨胀上升所带来的财富损失。

1.2　国内外研究现状

单独研究通货膨胀与家庭资产配置关系的文献很少，一般文献都从通货膨胀对财富形式的资产价格变动的影响角度分析，或者直接考察影响家庭资产配置的各种因素。因此，本节主要从这两大方面对国内外的文献做比较系统的概括。

1.2.1　通货膨胀与资产价格

关于通货膨胀与资产价格之间的关系，早期具有影响力的理论是Irving Fisher提出的关于名义利率与实际利率关系的方程式，其公式表达为：$i_t = r_t + \pi_t^e$。Fisher认为，如果市场中的实际利率不变，t期的资产名义收益率等于t期的实际收益率与预期通货膨胀率之和。

1975年之后，很多经济学家认识到资产价格的波动在某种程度上受到通货膨胀的影响。然而，大部分学者认为它们之间存在负相关关系(Linter，1975)。Fama、Schwert(1977)将通货膨胀分为预期的通货膨胀和非预期的通货膨胀，同样得出它们之间具有负相关性。Fama在1981年提出“代理假说”，即通货膨胀与股票收益之间的关系在某种程度上代理通货膨胀与实际经济体的关系。他认为，货币供给是外生变量，实际经济变化引起实际货币需求同方向变化，因此通货膨胀与股票实际收益率是负相关的。还有“不确定性假说”也同样认为通货膨胀与股票收益呈负相关关系(Malkiel，1979)。Modigliani、Cohn(1979)引入“货币幻觉”分析通货膨胀与股票收益之间的关系，认为由于投资者存在货币幻觉，股票的定价会相应地使用名义利率，这样导致股票在实际估值上出现偏差，股价也在一定程度上被错误估计；并且，这种偏差主要是由投资者理性预期与主观风险溢价造成的。之后，一些学者论证了“通胀幻觉”存在于美国股票市场(Ritter，Warr，2002)。

另有一些理论经济学家认为,通货膨胀与收益之间既有正相关性,又有负相关性,具体的相关关系要取决于通胀成因。比如,非货币因素产生的通货膨胀与股票收益之间呈负相关关系(Stulz,1986;Marshall,1992)。Danthine、Donaldson(1986)通过构建理性预期模型,所得结论显示,由货币供给过多造成的通货膨胀与股票收益之间具有正相关关系,由实际产出冲击造成的通货膨胀与股票收益呈负相关关系。Kaul(1987)认为货币政策方向对两者之间的关系有重要影响,当货币供给顺周期变动时,通货膨胀与股票收益呈正相关性;当货币供给逆周期变动时,通货膨胀与股票收益呈负相关性。Hess、Lee(1999)认为,需求冲击和供给冲击两大因素会一起作用于通货膨胀率和股票收益,使得它们同时发生变化。因供给冲击主要来自实际产出的波动,故通货膨胀率与股票实际收益率之间呈负相关性。而需求冲击主要源于货币供给的波动,使得通货膨胀与股票收益率表现出正相关性;对亚太新兴经济体,Al-Khazali 和 Pyun(2004)的研究发现,在短期,通货膨胀与股票收益负相关;但在长期,它们之间具有正相关关系。

Lothian、Carthy(2001)对经济合作与发展组织中十几个经济体的样本数据进行实证检验,结果显示,通货膨胀与股票价格同方向波动。Campbell、Vuolteenaho(2004)使用"通胀幻觉"对通货膨胀与股票红利率的正相关关系进行了解释,并且通过对美国证券市场的数据证实,在通胀预期条件下,股票红利率、债券收益率与股票资产之间具有正相关性(Bekaert,Engstrom,2009)。Chen、Lung 和 Wang(2009)通过研究美国股票市场中的股票资产估值认为,根据通胀幻觉与再售期权理论,股市异常波动是由价格偏差造成的。

对房地产市场,投资者可能也存在类似的货币幻觉。Piazzesi、Schneider(2007)利用均衡分析框架解释了通胀幻觉对资产定价的影响。他们认为,在通胀幻觉条件下,投资者的投资依据依然是名义利率,这样使得股票的实际回报率与名义回报率之间产生了偏差。他们的分析为2000 年之后的美国房地产市场繁荣提供了理论依据。Brunnermeier、Julliard(2008)的研究基于美国与英国房地产市场数据,在分解出代理效应和通货膨胀风险溢价效应后,证实了英美两国房地产市场都存在通胀幻觉效应。他们认为,当通货膨胀水平较低时,投资者可以选择按揭贷款购买住房，若住房租金高于抵押贷款利息，那么投资者买房就会增加，此时，房价会随之上涨。

国外学者在理论研究上尚未得到完全一致的结论，但是这些理论为我们研究通货膨胀与各类资产的关系提供了很多的借鉴。后来的理论研究绝大多数都基于以上的理论，或直接使用相关理论，或在其基础上加以修正。理论终归是理论，多数学者利用不同国家数据做大量的实证分析，发现大多数理论并不能很好地解释通货膨胀与资产价格之间关系变化现象。而且，对同一组数据，由不同理论或检验方法得出的结论也大相径庭。这提示我们在分析通货膨胀与资产价格的关系时应该更加谨慎，同时也要认真考虑自己所使用理论的全面性。由于国外学者研究的数据大部分都是发达国家的经济数据，这些国家的金融体制和金融市场都已经相当成熟，而我国市场经济起步很晚，金融体制改革更是举步维艰，法律法规尚不健全，国外的很多理论基础也就无法直接适用于对我国经济的分析，且国内各种资产的价格波动和资本流动也受到各种各样的限制，这又使得金融市场并不能完全反映我国的经济现状，它们之间存在一定程度的偏离。

自从改革开放之后，尤其是随着股市的发展，我国很多学者热衷于研究通货膨胀与资产收益之间的关系，但是每个学者研究的方法和角度有所不同，因此他们得出的结论也有点差异。靳云汇和于存高(1998)通过实证检验通货膨胀与我国股市1991～1996年的股票价格的数据，发现通货膨胀与股票收益之间存在负相关关系。基于Fama的代理理论，刘金全和王风云(2004)引入通货膨胀风险溢价效应，对1991～2002年的我国通货膨胀与股票价格数据加以分析，研究结果显示，通货膨胀与我国股票收益存在负相关关系，这一结论支持了Fama的代理理论。刘仁和与陈柳钦(2004)通过研究我国上市A股1992～2001年的数据，考察通货膨胀率与市盈率变化之间的关系，发现这一时期的牛市主要是由投资者的通胀幻觉造成的。由于影响股票价格的因素很多，市盈率只是其中一个重要因素，因此，研究的结果还不能轻率断定，我们需要加入更多的因素，更充分地分析通胀幻觉对股票价格的影响。韩学红等(2008)考察1992～2007年股票收益数据发现，1992～1999年，通货膨胀与股票收益存在负相关关系，原因在于这个时期经济体中的供给冲击大于需求冲击;但在2000～2007年,两者之间的关系呈现正相关性,给出的解释为这段时间经济体中的名义供给冲击替代了实际需求冲击。以上关于通货膨胀与股票收益之间关系的研究都具有片面性,它们均没有考虑到投资者行为预期对股票价格的影响。

也有部分学者尝试将投资者行为预期纳入考虑范围,分析通货膨胀与资产价格之间的关系。陈国进等(2009)通过在模型中引进通胀幻觉与再售期权两种因素,认为通胀幻觉与异质性信念都是导致我国资产价格泡沫出现的因素。刘仁和(2005)在研究中也认为我国股票市场存在通胀幻觉。但是他没有将代理效应、通胀的风险溢价效应和通胀幻觉效应对股票价格的影响进行分解,因此,他的研究有一定的缺陷。之后,刘仁和(2009)考虑了这种缺陷,用动态Gordon模型将红利-股价比率分解成代理效应、通胀溢价和通胀幻觉三个变量,基于我国1994～2006年数据,分别用三个变量对通货膨胀的影响进行了实证检验,研究我国股票价格膨胀机制。瞿强(2007)认为,只要两种效应就可以对低通货膨胀环境下的资产价格膨胀进行解释。

有很多学者的研究结果显示短期内的通货膨胀与股票收益之间的关系不显著,但在长期,却有一定的相关性。比如,刚猛、陈金贤(2003)的研究结论显示,长期中的通货膨胀率与股票实际收益率具有显著的负相关性。杨振杰(2005)研究了股票收益率对通货膨胀的影响,发现短期中的这种影响几乎不存在,但是长期来看,它们之间呈一种显著的正向关系。但许冰、倪乐央(2006)的研究得出了不同结论,他们发现这两者之间在短期内有正相关性,长期中的相关性却不明显。王晓芳、高须祖(2007)通过考察我国通货膨胀与股票投资收益率数据发现,短期内的通货膨胀与股票投资收益率之间并不相互构成Granger因果关系,而长期中两者之间存在着某种均衡关系,通货膨胀与股票收益关系的短期偏离可以在半年左右得到修正。

关于通货膨胀与房地产价格的相关性,国内学者也做了大量研究。其中,经朝明等(2006)通过研究我国商品房价格与CPI数据发现两者之间存在负相关关系。刘洪玉等(2005)通过研究我国2002～2006年通货膨胀与房地产价格数据发现低通胀一般伴随着房价的大幅上涨,而且如果我国CPI上升,即使不考虑通货膨胀的影响,房价也存在一定程度的上涨。

尽管很多学者都从不同的角度分析了通货膨胀对我国资产价格的影响,比如基于投资者存在货币幻觉或基于代理理论等角度,但国内资产价格的波动更大程度上还是由于政策的变动引起的。如何将政策变动从资产价格波动中分离开来,依然是研究通货膨胀与资产价格波动关系的一个难题。通货膨胀与政策制定有着千丝万缕的联系,所以,单纯考虑通货膨胀与资产价格之间的关系存在一定的片面性。通货膨胀不但会引起资产价格的波动,同时也会受到资产价格波动的影响。近几年来,已经有大量学者开始研究如何将资产价格的波动纳入通货膨胀的测量上来,这样,通货膨胀与资产价格之间的理论与实证结果又会发生一定的变化。

1.2.2 家庭资产配置理论

家庭资产配置的开创性理论是由 Markowitz 在 1952 年提出的金融资产组合理论。它的主要功效在于解决了一个时期内投资者在整个资产组合配置中如何配置各种资产的比例问题。在他的模型里,假设代理人只关心每种资产的期望收益(均值)和风险(方差),以及每种资产收益与其他可得到的资产之间的协方差。他的重要成果是均值-方差分析,现在已成为金融理论分析的基础。1958 年,Tobin 引进了无风险资产,研究结论显示,所有的代理人都会持有同样的风险资产配置,即市场资产配置。他进一步证明了这种风险资产构成了代理人不同比重的资产组合,这种区别在于每个代理人不同的风险偏好,这个结果被称为两基金分离理论。

Sharpe(1964)和其他学者将金融资产组合理论加以扩展,提出了资本资产定价模型(CAPM)。这是第一个包含风险的资产价格一般均衡模型。CAPM 预测所有代理人都会持有相同的资产组合,但是它们的比例不同;这种组合是所有可交易证券的组合;资产的价格与市场配置线的斜率线性相关。这里的每个预测都拒绝了个体行为和资产价格的经验研究,即,很多个人的财富都是不可交易的资产;个体的资产配置随年龄和总财富的变化而变化;证券价格与市场资产组合的相关性仅仅是该证券价值的很小一部分。

就资本资产组合理论而言，CAPM 的一个理论缺点是它仅仅关注当前的一个时期。事实上，每个个体都会在未来改变他们的资产组合决策。正因为如此，很多学者(Samuelson，1969；Merton，1969)将资产配置问题延伸至多个时期。由于很多因素的存在，证明多个时期的资产组合与单个时期不同是毫无价值的。如果投资机会跨时期不变，延长时间期限的效应可以分为两个部分：第一，代理人的时间期限越长，既定金额对消费的冲击影响越低，因此代理人可能更愿意选择承担一定风险；第二，代理人的时间期限越长，给定消费水平下，当前财富会更高。既然风险厌恶水平会随财富而改变，这也就影响代理人当前时期愿意承担的投资风险。

与此同时，Samuelson(1969)与 Meton(1969)将决策者加入模型分析。假设决策者投资两类资产——无风险债券(不变收益率)和有风险的股票(不变的风险溢价)，代理人可以以相同利率借贷，没有资产组合约束线，也没有交易成本。研究的结果显示，在特定的情况下，如果投资机会不变，效用函数不变(CRRA)，投资者的决定独立于人生末期，也就是说，投资者的行为好像不是当前时期而是最后一期。这是由于 CRRA 偏好，之前的两种效应相互抵消。

对简单的资产组合模型更深入的一种分析就是考虑劳动收入。如果投资者获得劳动收入，那么这对他们的资产组合将产生非常重要的影响。在比较简单的模型中，没有资产组合约束，意味着投资者可以通过无风险利率借款消费未来工资收入。另外，假设金融市场是完全有效的，劳动收入不变。在这种情况下，Merton(1971)发现理性的投资者会在无风险利率下充分利用他们的工资收入。他们会使资产组合与无劳动收入情况下的资产组合保持一样。这类模型的另一种延伸由 Bodie、Merton 和 Samuelson(1992)提出，他们假设投资者可以自行选择何时停止工作。这一点与上述的劳动收入模型不同，上述模型中的投资者退休日期是外生的。工作时间越长意味着代理人可以在年轻时投资更多资产，如果证券投资收益不理想，那么投资者需要选择工作更长的时间来弥补资产损失。但是，实证研究的结果很不理想。

以上讨论的所有模型的一个共同特点是假设市场是完全的。这意味着投资者可以出清所有的买卖股票的不确定性。但是,现实中家庭面临着很多不能交易的风险,比如收入风险、健康风险、道德风险等。由于不能将风险具体化,他们也就有了资产组合约束。另外在投资者存在交易风险的同时,也必然存在交易成本。因此,对家庭或者投资者的资产配置影响因素分析不可缺少。

1.2.3 家庭资产配置的影响因素

家庭资产配置受到很多因素的影响,并且有些因素对投资者配置财富的影响还随时间的推移而发生变化。下面我们对一些因素对家庭资产配置产生影响的相关文献进行总结,并加以分析。

在家庭资产配置模型中,风险偏好一直都是一个非常关键的因素,它对保险的需求、贷款的选择、股票交易的频率和金融信息的获取都产生本质上的影响。在 Merton(1969)的模型中,如果个人偏好为不变的相对风险厌恶,那么富人和穷人都应该拥有一样的风险资产份额;如果投资者有下降的相对风险厌恶偏好(DRRA),那么更富有的投资者应该投资更大比例的风险资产。

风险偏好又受到其他很多内在或外在因素影响。学者一致认同绝对风险厌恶随财富水平的上升而下降,但是相对风险厌恶与财富的关系并没有得到共识。但是,理解这个关系对风险的市场价格的决定因素以及演变过程是至关重要的(Constantinides,1990;Campbell,Cochrane,1999;Campbell,2003)。Chiappori 和 Paiella(2011)通过 OLS,估计金融财富中随时间变化的家庭资产配置中风险资产份额,结果发现财富与风险承担并没有一定关系。另外,个人背景也是影响风险程度的一个重要因素,比如人力资本、住房财富等(Viceira,2001;Cocco,Gomes,Maenhout,2005;Flavin,Yamashita,2002;Yao,Zhang,2005)。Gottlieb 和 Guiso(2011)发现风险经验也对风险偏好产生一定影响,经历过低收益的投资者在未来投资中的风险偏好程度低。其他因素,比如健康、年龄、性别等同样作用于风险偏好,进而影响家庭资产配置的选择。

Pauline Shum 和 Miquel Faig(2006)通过分析 1992~2001 年美国家庭资产调查数据中家庭居民持有股票情况,得出的结果显示,财产、年龄、退休金以及来自投资的建议等方面对投资者的股票持有有着一定的积极影响;而消极影响则是不可避免的各类投资风险以及金融投资意向的不确定性。Bodie、Crane(1997)通过考察美国1996年横截面数据发现,年龄与家庭持股比例存在显著的负相关关系,给出的资产配置建议与理财顾问和经济理论一致。

Robfluwals、Angelika Elymann、Axel Borsch-Supan(2004)分析1994~1997年荷兰一组夫妻的中心储蓄存款调查数据发现:(1)夫妻双方晚年储蓄态度的主要决定因素是丈夫强制保险权;(2)一些家庭认为晚年储蓄与拥有更多自由资产具有相同的重要性,那么这些家庭多数会持有股票和人寿保险;(3)如果妻子的劳动收入占整个家庭的收入比重越大,那么妻子在家庭储蓄与投资的决策方面的态度也就越重要。John M. Quigley(2006)认为,在发达国家,家庭拥有住房会促进家庭资产的积累,增加消费的稳定性,对其他社会目标的实现也有一定的积极作用。但是,他同时认为房地产投资是种风险投资。

Michael K. Berkowitz、Qiu Jiaping(2006)详细论述了个体健康状况的变化对家庭资产中的金融资产选择行为产生的重要影响。他们认为,个体健康状况的变化对家庭资产中的金融资产和非金融资产的冲击是不对称的,如疾病的确诊会使得家庭更多地减少金融资产比例,而健康状况间接地影响家庭资产配置。尽管健康状况仅影响到家庭资产中金融资产的总量,但是家庭也会重新配置他们的家庭金融资产组合。Anjini Kochar(2004)通过考察巴基斯坦农村家庭数据,发现农村家庭预测到未来不良健康状态会增加他们的整体储蓄、减少生活资料的投资,又使得健康与家庭财产联系起来。Harvey S. Rosen、Stephen Wu(2004)的研究也得出了相似结论:户主健康状况不好,会使得他们在资产配置中不选择风险较高的金融资产;较差的健康状况通常与小部分金融风险资产和大部分金融安全资产联系起来;他们对健康状况影响个人风险态度的分析并不能体现健康状况与家庭资产投资选择的关系。Vissing Jorgensen(2002)分析PSID数据发现,代理人非金融投资收入与股市的参与率和持股份额均具有相关性,非金融投资收入增加,会提高理性经济人的股市参与率和持股份额,但是非金融投资收入的波动性增加也会使得理性经济人的股市参与率和持股份额下降。

Barber、Odean(2001)在其著作中认为性别与婚姻状况对家庭资产选择行为具有重要影响。Agnew等(2003)比较全面地分析了家庭资产选择行为中的年龄、性别、婚姻状况、劳动收入和工作年限等因素产生的影响。Faig、Shum(2004)通过分析1992～2001年消费者金融调查数据发现,财富、年龄和投资年限对家庭持股决策都具有一定的影响。Guiso、Jappelli(2001)分析意大利的家庭金融数据,也得到了比较一致的结论:意大利家庭资产结构基本上取决于家庭资产大小。金融资产占总资产的比重随家庭资产递减,房地产投资与企业股权投资随年龄递增。并且,比较富有的家庭更倾向于投资风险资产,他们的资产配置中风险资产占比会更大。

Iwai Sako(2003)基于日本家庭股票投资与持股比例数据,通过计量分析发现,影响日本家庭股票市场参与率的因素主要有年龄、收入、家庭资产和教育程度,对日本家庭的持股比例,只有房产状况会产生一定影响。Yoo(1994)利用1962年、1983年、1986年消费者金融截面数据分析年龄对资产配置的影响,发现在家庭金融资产中的股票投资比例随职业生涯增长,而在退休之后出现下降,呈现驼峰形态。Heaton和Lucas(2000)利用比较新的金融截面数据分析了美国家庭的资产选择行为,结果显示了年龄对资产选择的影响,即年龄曲线是下降的。Bertaut和Starr-McCluer(2002)通过利用相关的截面数据分析美国的资产配置结构,计量分析的结果发现年龄对持有风险性资产具有显著性的影响,但是对风险资产的持有比例不具有显著的影响。

因各个国家或地区的风俗习惯、社会制度等方面都存在很大差异,故家庭资产受各种因素的影响程度也会有很大的不同,但是受影响的因素在一定范围内不会变化。因此,在理论研究上也就有了比较明确的约束条件。但是,一些理论研究的假设条件过于苛刻,也就使得理论研究结果的说服性不强。比如,在实际生活中,家庭的决策方式不同于个人的决策方式,而大多数理论都基于个人决策方式来考察家庭资产的持有形式,忽视了家庭民主的影响。

国内已经有很多学者开始关注我国家庭资产配置结构及其影响因素。臧旭恒等(2001)基于城乡家庭居民资产存量和增量的结构估算,比较系统地分析了城乡家庭居民资产选择行为以及影响因素,并且重点研究了个体收入对资产选择的影响,造成城乡居民资产选择行为不同的因素和储蓄动机。龙志和、周浩明(2000)认为由于一些制度性原因,我国与西方社会不同,我国居民储蓄动机主要出于预防性。他们的研究结论显示这种预防性储蓄行为具有很强的显著性,主要是由于我国的社会保障制度不健全造成的。因此,他们建议国家应该进一步健全社会保障制度,减少预防性储蓄行为。袁志刚、宋铮(2000)将我国基本养老制度的基本特征加入迭代模型,通过理论分析发现人口老龄化程度一般对居民储蓄的影响有一定的激励作用。谢睿(2004)的研究认为,未来不确定性对家庭消费和储蓄有非常重要的影响。如果这种不确定性增加,居民一般会表现得更加谨慎,即减少当期消费,增加储蓄。因此,他们的结论认为,储蓄不只是为了平滑整个生命周期的消费路径,还是一种对未来不确定性的保险。如果未来不确定性风险增大,家庭会增加预防性储蓄,使得未来消费具有更多的保障,并且,较大部分储蓄是出于预防性动机的考虑。

赵扬、宋铮(1999)研究发现,我国城镇独生子女家庭的教育投资需求比较高,但是一些相关制度因素的存在限制了教育投资需求的进一步增加。于蓉(2006)将金融中介作为一个影响因素放入理论分析的框架中,实证分析了金融中介对家庭资产选择的影响。王千红等(2008)则从金融中介机构的公共责任角度出发,认为根据居民家庭收入约束和投资组合需求,金融中介机构应主动创造多种不同类型的金融资产,满足各类家庭的合理需求,承担金融发展过程中的公共社会责任。冯涛、刘湘勤(2007)在标准的预防性消费-资产组合模型框架中加入了失业风险和收入风险,考察了社会制度变迁产生的收入不确定性对家庭资产选择行为的影响。

陈斌开、李涛(2011)通过分析来自国家统计局在2009年进行的"我国城镇居民经济状况与心态调查"项目数据发现,户主的年龄、受教育程度和健康状况、家庭收入以及人口规模是家庭资产负债额的重要影响因素。并且,如果户主年龄越小、教育水平越低、健康状况越差、家庭规模越大,那么,他们更容易受到金融市场不利冲击的影响。

国内学者的研究绝大多数依然围绕家庭资产配置的影响因素有哪些等问题开展研究,并且不断地更新与考察,让我们越来越清晰地了解我国家庭资产配置的影响因素。由于我国家庭资产结构的数据存在广泛的缺失,对其实证分析和计量分析遇到的障碍,使得我国学者在分析各种因素具体的影响程度时陷入了困境。同时也可以解释为何我国学者的研究依然只是停留在表面分析,而不能如国外学者一样开展大量的模拟实验。因此,对研究者来说,大量的实地考察就显得特别重要,加强原始素材的积累也为以后深入研究我国家庭资产配置的变化提供了可靠依据。

第2章　资产及家庭资产配置

本章主要介绍家庭资产的概念及其表现的各种形式，说明家庭资产的特征。在介绍资产的各种分类后，为了使本书后续研究的顺利开展，本章按照各类资产的流动性程度将家庭财富分为强流动性资产、半强流动性资产和弱流动性资产，并且在各种类型的资产中选取一种或两种资产作为研究对象。本书选择强流动性资产中最有代表性的货币资金、半强流动性资产中最有代表性的股票、弱流动性资产中最有代表性的房地产作为后续研究对象。

2.1　资产的概念及特征

2.1.1　资产的概念

按广义概念，资产即财富，包括精神财富与物质财富。1995年，世界银行将财富分为四大部分：自然资本、生产资本、人力资本与社会资本。本书主要讨论物质财富，因此，家庭财富的表现形式可以简单地理解为：家庭可能拥有的不同类型的合法资产，是任何一种有价值的、可以在有形或无形市场上交换的有形或无形资产。有形资产是指那些具有实物形态的资产，主要包括现金、不动产、贵金属、古董等。无形资产是指拥有或者控制的没有实物形态的可辨认的非货币性资产。无形资产具有广义和狭义之分，广义的无形资产包括货币资金、金融资产、长期股权投资、专利权、商标权等，因为它们没有物质实体，而是表现为某种法定权利或技术。

2.1.2　资产的特征

资产的特征是指家庭可能持有的各类资产的特征，主要包括资产的合法性、收益性、风险性和流动性。

(1) 合法性。各类资产必须是在符合本国法律法规的前提下由经济主体通过经济活动获得的法律承认的财产。这种权利保证所有者可以在法律允许的范围内任意处置、交易或转让自己所拥有的资产。合法性是资产概念的基础条件。例如，毒品交易就不能在法律框架下被承认，也就不能获得法律的保护。

(2) 收益性。资产预期会给资产的拥有者带来经济利益，是指直接或间接导致现金和现金等价物流入的潜力。资产必须具有交换价值和使用价值。没有交换价值和使用价值，就不能通过市场交易来实现价值保值增值。例如，生活产生的垃圾和过期产品，不再具有使用价值，因此不能称之为资产。

(3) 风险性。风险性是指资产价格的波动或收益的不确定性。一般来说，各类资产的风险程度与期望收益率成正比。风险程度越高，期望收益率越高；风险程度越低，期望收益率越低。例如，股票风险程度高于国家债券，因此，股票的期望收益率也高于国家债券。

(4) 流动性。流动性是指资产能够以一个合理的价格顺利变现的能力，表示所投资的时间尺度(卖出它所需的时间)和价格尺度(与公平市场价格相比的折扣)之间的关系。一般来说，流动性与资产收益率成反比。流动性越强，期望收益率越低；流动性越弱，期望收益率越高。例如，各类资产中，通货的流动性最强，期望收益率为零，当通货膨胀为正时，实际收益率为负。

资产的四个经济特征之间存在相互影响、相互制约的关系，图2.1清晰地展现了各类资产及其特点。

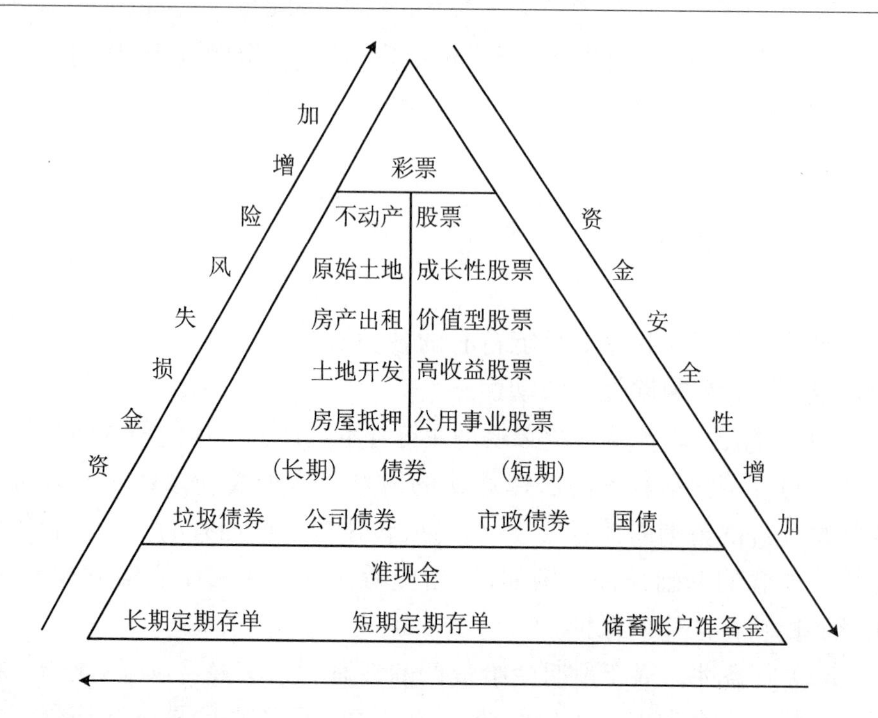

图 2.1 资产及特征

资料来源：Hersh Shefrin，Beyond Greed Fear//刘楹．家庭金融资产配置行为研究[M]．北京：社会科学文献出版社，2007：77

Hersh Shefrin 等人(2000)使用图 2.1 说明行为投资组合的金字塔结构。从图 2.1 的三个维度可以看出家庭财富的三大特征。从金字塔的下维度我们可以看出，在既定安全性与风险性的条件下，流动性减少伴随着潜在收益的增加。比如，现金或储蓄账户准备金流动性最强，潜在收益几乎为零，而长期定期存单流动性最差，但是潜在收益最高。从金字塔的左维度看，在既定流动性的条件下，资金风险增加，潜在收益也相应提高。

2.2 资产的分类

国内外学者一般依据资产的特征对其分类。例如，按收益性将资产分为消费资产与投资资产;按风险程度将资产分为无风险资产和风险资产;按流动性将资产分为固定资产和流动资产等。

2.2.1　按收益性划分

(1) 消费资产。这类资产主要是为了供家庭成员使用,具有使用价值,但是不产生收益,或者不是为了获得收益所拥有的生活用品或资产,比如家用电器、电脑、服装、汽车等。一般来说,这部分资产会随着时间贬值或消费完。

(2) 投资资产,是指预期可以获得投资回报的资产。消费、投资与出口是拉动 GDP 增长的“三大马车”。因此,家庭投资对经济的推动无疑是非常重要的。家庭投资资产主要包括存款、股票、债券、房地产投资、贵金属投资等。

2.2.2　按风险性划分

(1) 无风险资产。所谓无风险资产,是指预期收益标准差为零的资产,相对应的投资则为无风险投资。比如,在通常情况下,可以认为政府债券就是一种无风险债券,因为其还本付息是可靠的。

(2) 风险资产。风险资产是指未来收益率不确定且可能招致损失的那部分资产。风险资产的特点是期望收益率与风险程度成正比。比如股票、衍生金融产品、房地产等属于风险资产。

2.2.3　按流动性划分

(1) 固定资产。固定资产一般用于企业,特指使用期限超过一年的房屋、建筑物、机器、机械、运输工具以及其他与生产、经营有关的设备、器具、工具等。在家庭资产中,这类资产可以特指房地产投资、汽车等实物类资产。

(2) 流动资产。流动资产是指在短期内(一般不超过一年或一个时间范围)可以变现的能力,以保证应对紧急支付或者投资的资产。这部分资产主要包括现金、银行存款、股票、基金等。

2.2.4 按属性划分

（1）实物资产。实物资产主要是有形的、可以感知的资产。这类资产和固定资产的重合度很大，比如住房、汽车、家用电器、贵金属、艺术品等。其次，实物资产还包括快速消费品在内的资产，日常用品都属于这类。

（2）金融资产。金融资产主要是指可以在金融市场上交易的资产，是家庭财富中特别重要的一类资产，包括现金、现金等价物、固定收益证券、证券投资基金、股票、衍生证券、私募股权等等。现金与现金等价物是流动性最强的一类资产，无风险、无收益。而其他证券等金融资产依据杠杆程度不同，风险与收益也有很大区别。

（3）无形资产。根据无形资产的定义，其包含个人拥有的专利、版权、商标、网络域名等知识产权。由于现在虚拟经济的快速发展、知识产权保护程度提高以及网络技术的提升，这类资产将显得越来越重要。只是在家庭财富中，这类资产所占比重依然很小。

这种分类是现在学者研究家庭财富状况的最常用的一种分类方式，可以用图 2.2 表示（主要考察家庭财富所表现的资产）。

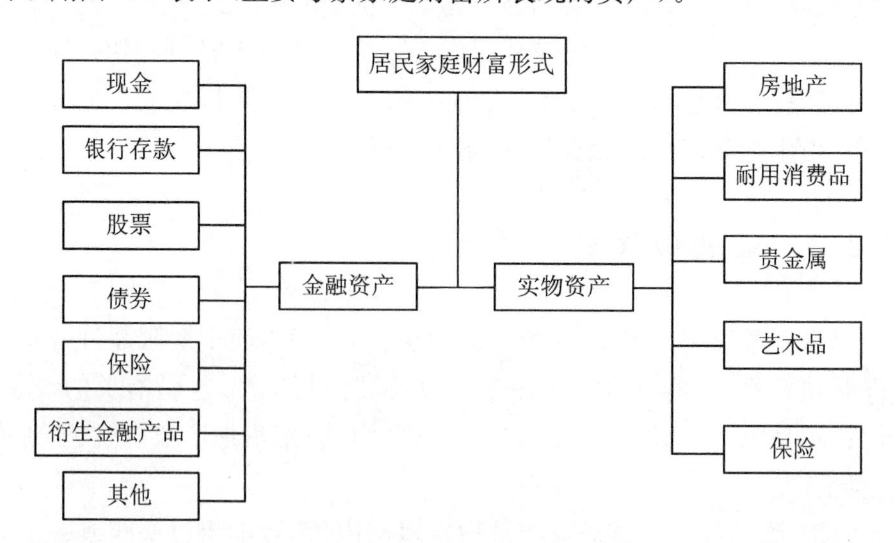

图 2.2 居民家庭资产结构

2.3　影响家庭资产配置的因素分析

家庭资产的形式多种多样，但是，每个家庭都不会只持有一种或两种资产，而是同时拥有多种类型的资产。公元2世纪末至6世纪初，犹太人必读书籍《塔木德》就已对家庭财富的持有形式提出：每个人都该把自己手里的钱分为3份，1/3买地，1/3做买卖，然后剩下的1/3存起来。那么，有哪些因素影响家庭财富的资产构成？我们将从两个方面来考虑：家庭主体特征与外部环境。

2.3.1　家庭主体特征

家庭主体特征可以表示为家庭户主的特征，包括户主的性别、年龄、受教育程度、偏好、家庭居住地等。

(1) 性别。户主的性别在一定程度上影响家庭财富的配置，一般来说，男性户主风险偏好程度要高于女性，因此，男性持有风险资产的比重也高于女性。男性更加关注股票、基金、房地产等风险资产的配置，女性则更多地拥有银行存款、保险、基金等。

(2) 年龄。很多学者在调查研究中发现，在大多数国家，户主的年龄越小，拥有风险资产的比例越少。以美国为例，年龄与家庭财富中的风险资产(主要是股票等金融风险资产)比例成正相关关系。投资者年龄等级越高，投资股票等风险资产的比例越高。然而，美国年轻人更期望将获得的收入购买不动产。在大多数国家，住房可能成为家庭投资的首选风险资产(见表2.1)。这也可以在一些OECD国家中得到同样的结论(Guiso et al.,2002;Iwaisako,2003)。然而在韩国，户主年龄越高，越趋向于投资低风险资产，以保证稳定的现金收益(Xiao,1996;Yang,Hong,1998)。

表 2.1 以年龄级别划分资产组合

资　产	年龄级别			
	>65	<35	35～50	50～65
股票	0	0.008	0.091	0.066
国库券	0.004	0.002	0.002	0.010
流动资产	0.004	0.010	0.093	0.076
固定资产	0.127	0.150	0.207	0.675
金融资产	0.131	0.160	0.300	0.751
人类资本	0.869	0.840	0.700	0.249
总资产	1.000	1.000	1.000	1.000
债务	0.085	0.073	0.029	0.192
股票市场比例	0.008	0.153	0.692	0.766

数据来源：Cocco J. Portfolio Choice in the Presence of Housing[Z]. London Business School Working Paper，2000.

(3) 受教育程度。很多学者对家庭财富配置中的受教育程度这一因素做了大量的实证研究。直观上来讲，受过良好教育的人，其知识水平与对新型投资工具的接受能力都应高于低学历者，理所当然地可以认为户主受教育程度越高，越倾向于具有高风险、高收益性资产组合。但是史代敏、宋艳(2005)通过实证研究发现，高学历户主家庭所拥有的金融资产总量低于低学历住户家庭，并且，平均而言，学历最高的户主家庭金融资产总量比其他家庭低很多。他们用学历低的户主的收入稳定性差来解释这种现象。在金融资产比例的实证研究当中，受教育程度高的户主家庭更偏好于高风险性的资产。

(4) 风险偏好。风险偏好是指个人消费或投资的欲望。不同时期，人们的偏好也不相同，但是仍然有很多学者通过设定偏好参数，模拟偏好程度不同对跨时间家庭财富投资状况的影响(Epstein，Zin，1989；Cocco et al.，2001)。研究结论显示，在跨时期替代弹性不变的条件下，风险厌恶程度越高，家庭参与股票投资的比例越小，平均持股水平越低。在风险偏好程度不变的情况下，跨时期替代弹性越大，家庭财富中股票所占比重有明显增加。

(5) 居住地。家庭所在居住地也是影响家庭财富的投资形式的一种非常重要的因素。家庭住址可以简单地分为经济发达城市、中等城市、小型城市和农村。因为不同地区的家庭受到当地支付方式、投资渠道、获取经济信息渠道的制约,也在一定程度上制约了家庭的财富形式。比如,经济发达城市证券市场和房地产市场的投资渠道要明显优于小型城市。对农村地区来说,证券市场投资的参与率极低,农民家庭财富形式依然主要是银行储蓄和自用住房。

2.3.2 外部环境

家庭财富投资形式除了受内在因素影响外,外部环境也起到了至关重要的作用。主要包括文化因素、制度因素、市场有效性以及宏观经济因素。

(1) 文化因素。文化是一套价值观念以及赋予其意义的实践活动,它存在于所有的社会活动之中(周长城,2003)。它传承了人类特有的文明,不断丰富的实践创新,为人类更好的生存生活奠定了基础。文化又区分为经济文化与政治文化。对家庭来说,经济文化起到了决定性的作用,这种文化同时表现为一种社会资本,文化的差异也使得不同地区的家庭对资产或财富的投资方式产生不同看法。提倡节俭的文化习俗,也必然会使节俭家庭更多地将财富用于储蓄,而不是过度消费。

(2) 制度因素。制度是一个社会的游戏规则,或更规范地说,它们是为决定人们的相互关系而人为设定的一些制约。制度包括正规约束(规章和法律)和非正规约束(习惯、行为准则、伦理规范),以及这些约束的实施特性(诺斯,1994)。制度规定了一个社会经济、文化、政治的发展方式,制度的变迁也同样是为了社会变迁往更好的方向发展。家庭经济也必然受制度约束,一切家庭经济行为都在社会制度的框架下进行。经济制度对家庭财富的投资行为也会产生很大的影响。比如,社会保障制度不仅影响家庭成员的社会福利、就业意愿、消费欲望,同样,也极大地改变了家庭的财富配置。

(3) 市场有效性。有效市场理论认为,市场消息是完全的,投资者所做的一切投资分析都是徒劳的。但是这种理论一直受到经济金融学界的质疑,有效市场是一种理想状态,几乎所有的投资市场都是不完全的。因此,不完全市场的存在也就可以解释家庭在消费-投资方面的财富配置行为,我国社会的"储蓄之谜"也同时得到了另一种解释。我国投资市场经过20多年的发展,虽然取得了很大的成就,为我国经济做出了很大贡献,但是依然发育不完全,存在很明显的制度缺陷。我国家庭为了使家庭财富在整个生命周期内得到更好的利用,至少,储蓄依然是我国家庭资产配置的次优办法。

(4) 宏观经济因素。宏观经济的波动不仅伴随着社会资金的流动,而且影响各类资产的价格,同时,国家为了维护经济稳定,也会出台一系列经济政策。不论是各类资产的价格变动,还是经济政策的出台,都会影响到家庭的财富持有形式。比如说,利率上升,家庭储蓄意愿上升,银行存款占家庭财富的比重也就上升。当通货膨胀率很高时,家庭也会更快地使用现金,更多地持有实物资产,以期望能够维持自身的消费水平。当宏观经济向好,股票市场出现牛市时,家庭炒股比重明显提高,股票资产占家庭财富的比例显著增长。在房地产市场中,不仅存在自用住房需求,而且大部分财富达到一定规模的家庭也会投资房地产,产生投资需求。因此,房价的波动也必然对财富配置产生极大的影响。自古至今,住房都是家庭财富中最重要的一项资产,房价的波动对家庭财富总量的变化程度有至关重要的影响。

2.4 资产流动性的重要性分析

2.4.1 流动性事件案例分析

1. 配额

粮票是计划经济时代的特殊产物。粮票的历史折射的正是计划经济的历史。中华人民共和国成立初期,粮食供需矛盾突出,中央政府于1953年10月出台了粮食统购统销政策。1955年8月25日,国务院出台了《市镇粮食定量供应暂行办法》，同年 9 月，以"中华人民共和国粮食部"名义印制的 1955 年版的全国通用粮票开始在全国各地发行使用。可以说，它是 20 世纪 50 年代中期到 90 年代初期，一种不是货币的"货币"。

粮票可以说是一个时代的缩影，它反映了商品的价格不只是由市场决定的，在生产力不足、商品供不应求的情况下，使用配额制解决大多数人的吃饭问题。

2. 抢购

《南湖晚报》2008 年 7 月 13 日报道，1988 年，中央决定实施价格"并轨"，放开价格管制，取消价格双轨制，实行"价格闯关"。这直接导致当年全国出现了大范围物价上涨，进而产生了波及大江南北的抢购风潮。但如果当年不"闯关"，我国经济的市场化改革将难以取得突破。20 世纪 80 年代，国内物价水平一直在快速上涨，1988 年上涨的速度远远超出了人们的想象，食品和各种生活用品普遍涨价，有些东西如猪肉和电风扇，几乎过几天就是一个新价格。这种涨法引起了普遍恐慌，于是便出现了抢购风潮，柴米油盐和日常生活用品都成了抢手货，有些商店的东西几乎被买空。

抢购实际上是一种流动性危机。如在计划经济向市场经济转轨期间，商品的潜在需求被激发，造成供不应求的现象，商品一旦短缺，可能就会引起全社会的恐慌。这种危机即使在现代的全球经济中，也时常发生。如果抢购是发生在某些普遍商品上，那么，我们也可以理解为"货币持有者对持有的货币的购买力的不信任"。

3. 有价无市的经济学解释

在青海，有两句顺口溜生动地形容了冬虫夏草的名贵，一句是"一两虫草三两金"，一句是"吹口气，一头牛"。巨大的利益引发了商家对冬虫夏草疗效的过度解读，甚至对其服用方式都各说各话。媒体认为"这一药物因为利益而被神化"[①]。在如此炒作之下，冬虫夏草的价格逐渐脱离了实际价值。但在现实生活中，出现了一种极端现象，"买的不吃，吃的

① 冬虫夏草因利益被神化[N]. 中国科学报，2014-12-12.

不买”,冬虫夏草更大的作用是作为一种礼品用于社会交往,因为价格虚高,也就变相地成为送礼佳品。但如果收受方想按市场价格转让这类商品,几乎不太可能,说明它的商品流动性很差,实际需求者不愿意接受此价格,造成一种有价无市的现象。

4. 有市无价的经济学解释

近年来,被媒体报道过的短缺药物有鱼精蛋白、甲巯咪唑、放线菌素D、促皮质素等。这类药品有些共同点,如价格不高、临床用量少、仅有一两家企业生产等。但是少了它,不是找不到替代药物,就是替代药物价格奇高无比,令患者难以承受。仅售 7.8 元的注射用促皮质素在非正常市场上一度被炒到 4 000 元,价格翻了 500 多倍,但仍一盒难求。从生产环节看,由于发病率低、用量小,这些“小众药”的原料、生产线等成本难以摊薄;有些药物即使能在政策范围内提价,受到疾病发病率影响,需求量也不会有太大变化,涨价带来的收益弥补不了其他方面的“不经济”。①

药品作为一种特殊的商品,它的价格往往受到政府的管控,个别药品由于临床用量少,低价很难弥补企业的生产成本,造成企业不愿意生产。其实,药品的需求不同于一般商品,尤其是不可替代的救命药,它的需求弹性几乎为零,价格管制情况下,产生了严重的供不应求的现象,如此形成了非正常市场炒作。若要解决此类问题,政府应该在管控价格的同时,加大救命药生产的补贴力度,让企业的生产不至于亏损,实现供求平衡。

2.4.2 流动性合理程度

上述案例说明,一旦供求失衡,价格不能自由调整的情况下,就会产生相应的流动性问题。比如说,配额与抢购其实就是供不应求造成的,只是配额是政府采取限制需求的手段,而抢购则是潜在需求被释放造成的一种恐慌。

我们可以根据商品的价格正好实现商品的供给需求达到平衡,来简单计算出商品流动性的合理程度。人们对商品的需求是基于商品的实

① 李红梅. 低价救命药不能“玩消失”[N]. 人民日报,2016-11-7.

际价值。于是随着社会风气的转变,冬虫夏草的价格必然会向它的本身药用价值逐步回归。

2.5　强流动性资产、半强流动性资产、弱流动性资产

在前面提到的资产分类中,资产可以划分为固定资产与流动资产。为了后续研究的顺利开展,将家庭财富分为三类:强流动性资产、半强流动性资产、弱流动性资产。

2.5.1　强流动性资产

强流动性资产是指不受时间、地点制约,能够按照资本市场价格快速变现,并用于支付的资产。这类资产的典型代表是通货和银行活期存款。对个人或家庭来说,这类资产无时不发挥着重要作用,它是人们日常生活中不可缺少的一类资产。个人或家庭之所有拥有这种资产的原因,主要在于交易动机和预防动机。

(1) 交易动机。交易动机是指人们为了应付日常的商品交易而需要持有货币的动机,即凯恩斯货币需求理论中的交易需求。一般来说,交易动机所产生的现金资产占家庭财富的比重波动性不强烈。

(2) 预防动机。在凯恩斯货币需求理论中,预防动机是指人们为了应付不测之需而持有货币的动机。凯恩斯认为,出于交易动机而保存在手中的货币,其支出的时间、金额和用途一般事先可以确定。但是生活中经常会出现一些未曾预料的、不确定的支出和购物机会。为此,人们也需要保持一定量的货币在手中,这类货币需求可称为货币的预防需求。

根据强流动性资产的定义和需求动机,可以得出现金或活期存款需求量与家庭的财富规模成一定的关系,当家庭财富规模越大时,这类资产的需求越高,但是强流动性资产占家庭财富的比例却有所下降。

2.5.2 半强流动性资产

半强流动性资产是指不能在任何时间或地点按照市场价格变现，但是可以在短期内(一般是七天或一个时间范围)，在特定市场上按市场价格买卖的资产。这类资产的特点是收益性与流动性并存，虽然半强流动性资产没有强流动性资产的即时变现能力，但是在牺牲这部分流动性的同时，获得更高的收益性。比如，定期存款的存款利率要远远高于活期存款，再如金融产品的期望收益率，不仅在于忍受更高的风险，还在于长期市场投资损失的流动性。我们会重点介绍家庭财富主要形式之一——股票。

股票是股份有限公司在筹集资本时向出资人公开发行的、代表持有者对公司的所有权，并根据持有的股份数享有权益和承担义务的可转让的书面凭证。家庭购买股票，形同于家庭直接投资实体企业。企业创造的利润，通过利润分配方式，向股票投资者分发红利。当然，股票收益率的波动受到很多因素影响，不仅与企业经营状况有关，还与宏观经济的好坏密切相关。本书将会考察通货膨胀对股票价格的影响是否显著。

2.5.3 弱流动性资产

弱流动性资产是除了强流动性资产和半强流动性资产之外的一切资产，包括固定资产等。这类资产的特点是投资者很少关注其流动性，而看重它的预期收益，或者通过它所创造出来的整个周期的现金流现值。例如，家用生产性资产，主要是为了能够给家庭不断带来效益，但自身价值却在不断减少，即折旧。而房地产投资则不同，大多数投资者不仅是为了获得房价上涨的收益，而且也同时考虑到房产是一种实物地产，不会因为每年的通货膨胀而贬值。

房地产是房产与地产的合称，是房屋与土地在经济关系方面的体现，在经济形态上，房屋与土地的内容和运动过程具有内在的整体性，因此，两个概念合称房地产。家庭投资房地产，除了因为自用住房，改善住房条件之外，还有部分是为了使资产能够更好地增值保值。房地产不仅是家庭的重要投资方式，而且是家庭资产配置当中不可忽视的重要投资渠道之一。

第3章　通货膨胀影响家庭资产配置的理论与内在机制

本章探讨通货膨胀如何影响财富持有形式，家庭持有的各类资产在通货膨胀的变动下为何产生不同的配置。这一章，我们将要讨论通货膨胀影响家庭资产配置的原理与内在机制。通货膨胀影响家庭财富配置的原理是，通货膨胀的发生会引起各类资产价格产生不同程度的波动，导致人们对家庭持有的各类资产价格的变动产生预期，这种预期会使得家庭在财富配置上作出不同的反应。本章将分别介绍通货膨胀影响强流动性资产、半强流动性资产、弱流动性资产价格变动的理论及内在机制。

3.1　引　　言

通货膨胀是指在纸币流通条件下，因货币供给大于货币实际需求，也即现实购买力大于产出供给，导致货币贬值，而引起的一段时间内物价持续而普遍的上涨现象。其实质是社会总需求大于社会总供给（供远小于求）。[①] 通货膨胀可以影响各类资产价格的变化，基本上已经成为经济金融学界的共识。不少研究都是从股票价格与房地产价格来着手研

---

① http://baike.baidu.com/view/4017.htm.

究通货膨胀与资产价格之间的关系，通货膨胀在影响资产价格变动的同时，也会受到资产价格变动的影响。很多学者呼吁将资产价格的波动引入通货膨胀的衡量中。考虑到研究的复杂性，本书主要研究通货膨胀影响资产价格的波动，从强流动性资产、半强流动性资产和弱流动性资产三类资产中分别选取一到两种代表性资产进行研究。这三类资产在家庭财富中占有举足轻重的地位，无论家庭财富如何配置，这三类资产都不可或缺。

既然家庭财富是国民经济的重要组成部分，那么研究通货膨胀对家庭财富的构成形式的影响也就具有非常重要的理论与现实意义。对研究者来说，考察通货膨胀影响家庭财富各类资产价格的波动原理与内在机制，无疑比简单分析两者之间的关系更加重要。在强流动性资产中由于存在交易需求和预防需求，现金（即通货）是家庭财富中一种最常用的资产。通货膨胀本身就是衡量通货的购买力水平，通货膨胀率越高，通货的实际购买力越低。对半强流动性资产，主要考察股票市场的收益率受通货膨胀的影响。国内外学者分别从不同角度研究通货膨胀影响股票价格的原理。代理假说、不确定假说、货币幻觉等理论可以从不同的角度解释通货膨胀会不会影响股票价格。（Malkiel，1979；John Y. Campbell、Tuomo Vuolteenaho，2004）。在弱流动性资产中，房地产无疑是最具有代表性和在家庭财富第三类资产中占有比重最高的资产。与其他资本市场不同 Case（1989）和 Shiller（1990）证明了房地产价格变动是可以预见的，其中的一种解释是“货币幻觉”。通货膨胀率的下降，易使人们产生货币幻觉，在这种作用下，人们购买住房的需求更大，导致房地产价格上升。

下面我们将分别介绍通货膨胀影响各类资产价格的理论与内在机制，为以后研究两者之间的关系提供理论基础。

3.2 通货膨胀影响强流动性资产价格的理论与内在机制

3.2.1 通货膨胀影响强流动性资产价格的理论

通货膨胀影响强流动性资产价格，即通货膨胀影响强流动性资产的实际收益率。对现金通货来说，名义收益率为零，而活期存款名义收益率很低，为 i，一般情况下，$i<\pi$。将 r 表示为实际收益率，π_e 表示为预期通货膨胀率，根据费雪提出的方程式：

$$r = i - \pi_e \tag{3.1}$$

由于通货的 $i=0$，从(3.1)式我们可以得出，现金通货的实际收益率：

$$r = -\pi_e \tag{3.2}$$

对绝大多数国家而言，政府为了得到通货膨胀税，并且使经济保持稳定健康发展，通货膨胀率一般控制在3%左右，因此，现金通货的实际收益率在绝大多数情况下为负值。图3.1表明预期通货膨胀率与实际收益率存在对应的负相关关系。

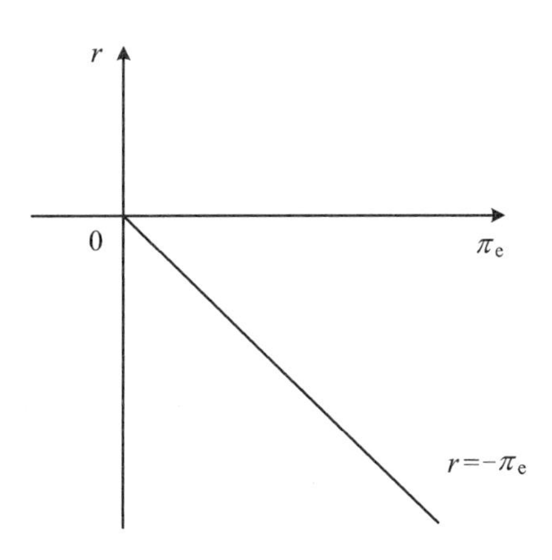

图3.1　通货膨胀率与现金通货实际收益率

3.2.2 通货膨胀影响强流动性资产价格的内在机制

在通货膨胀的影响下，现金通货实际收益率下降主要表现为货币购买力的持续明显下降。因此，通货膨胀影响现金通货的内在机制为通货膨胀率上升使得商品的价格上升，同样的货币数量购买到的商品数量将会相应减少。一般使用消费价格指数(CPI)或者GDP平减指数衡量通货膨胀率。CPI是测量消费者购买的典型物品的价格，在大多数国家，该指数被用作最通用的通货膨胀率的衡量。例如，2011年中国国家统计局发布的CPI构成为：食品31.79%、烟酒及用品3.49%、居住17.22%、交通通信9.95%、医疗保健个人用品9.64%、衣着8.52%、家庭设备及维修服务5.64%、娱乐教育文化用品及服务13.75%。在CPI上升的情况下，如果我们按照CPI的构成比例购买相应商品，则通货的实际收益率为CPI的相反数。

在预期通货膨胀率上升的情况下，直观上我们可以认为，由于通货膨胀率上升会使得人们所持有的现金货币的实际收益率下降，货币持续贬值，致使人们会减少强流动性资产的需求。但是，因为强流动性资产主要是由交易需求和预防需求构成，而这两种需求在一定程度上具有很大的刚性，并且，假如人们在日常生活中所要交易的实际物品数量不变，则强流动性资产的需求数量将会随着通货膨胀率的上升而相应增加。从这方面看，通货膨胀率的上升不但不会使得强流动性资产在家庭财富占有比重的下降，而且有持续上升的可能性。因此，应该考虑通货膨胀对强流动性资产占家庭财富的比重的实际变化，以及实际收益率的下降带来的强流动性资产需求的下降与强流动性资产刚性需求产生的需求上升的对比。如果通货膨胀率的上升使得实际收益率的下降产生的强流动性资产需求下降程度大于刚性需求的程度，则通货膨胀率的上升会使得强流动性资产占家庭财富的比重下降；如果通货膨胀率的上升使得实际收益率的下降产生的强流动性资产需求下降程度小于刚性需求的程度，则通货膨胀率的上升会使得强流动性资产占家庭财富的比重上升。

3.3　通货膨胀影响半强流动性资产价格的理论与内在机制

3.3.1　通货膨胀影响半强流动性资产价格的理论

半强流动性资产的代表为股票。股票的作用已经被所有的发达和发展中国家所认识，家庭参与股票投资的数量与规模都得到快速增加。宏观经济对股票市场的影响一直受到学者、投资者和货币政策制定者的广泛关注。很多学者通过建立不同的模型来解释股票价格估值。其中，最为著名的两大模型是联准会模型（Fed Model）和股利贴现模型（Dividend Discount Model，DDM）。下面分别介绍这两个模型，并根据这两个模型建立本书的股票价格估值模型。

1. 联准会模型

联准会模型是由 Prudential Securities 的 Ed Yardeni 根据美联储在20世纪90年代中叶的一些研究中使用过的类似概念而命名的。其假设股票预期收益率（由红利与股票价格之比衡量）与长期债券之间存在一定的联系，股票和债券之间因为投资者资产配置间的竞争关系产生平衡。如果债券收益率上升，那么股票收益也必须上升才能维持股票在投资者资产配置中的竞争力。这个模型时常被扩展用于股票风险溢价的衡量。投资者一般认为，债券收益率与股票风险溢价之和等于股票期望收益率。但实际上，股票期望收益率往往与实际收益率不同。如果股票实际收益率超过联准会模型计算的期望收益率，那么股票价格被低估；如果股票实际收益率低于联准会模型计算的期望收益率，那么股票价格被高估。

由于影响债券名义收益率的主要因素是通货膨胀率，当通货膨胀率上升时，为了维持债券实际收益率不变，则名义收益率上升；当通货膨胀率下降时，为了维持债券实际收益率不变，则名义收益率下降。因此，可以通过联准会模型将股票收益率与通货膨胀率联系起来，当通货膨胀率上升时，股票收益率上升，而股票价格下降；当通货膨胀率下降时，股票收益率下降，而股票价格上升。

2. 股利贴现模型

联准会模型在通货膨胀与股票价格的波动规律上有很好的解释作用，但是对股票价格波动的根本原因没有解释力，因此，我们另外介绍股利贴现模型(DDM)。DDM 是根据净现值原理估计股票价格的一种内在价值评价模型。由于 DDM 模型在实际应用中的困难(要求计算不确定的未来股利流的现值)，因此出现了很多简化模型，其中最有著名的是"戈登增长模型"(Gordon Growth Model)。"戈登增长模型"假设股利永远按照不变的比率增长，股利增长率低于股票投资的要求回报率。戈登在其著作中说明了这两个假设条件的合理性。因此，股票价格的计算公式为：

$$P_0=\frac{D_0\times(1+g)}{r-g}=\frac{D_1}{(r-g)} \tag{3.3}$$

其中，P_0 表示公司股票价格，D_1 表示下一期发放的股票红利，r 表示资产回报率，g 表示不变的股利增长率。

3. 基于"戈登增长模型"与"联准会模型"的估值模型

由于"戈登增长模型"在解释通货膨胀影响股票价格方面的缺陷和"联准会模型"在解释股票价格变动的内在原理上的不足，两者都不应作为独立的解释通货膨胀与股票价格关系的经济模型研究。因此，本书考虑到两者的优点，并且假设投资者存在"货币幻觉"，决定综合两个模型建立本书需要的股票价格估值模型。

根据(3.2)式，我们可以将公式变换为：

$$\frac{D_{t+1}}{P_t}=r-g \tag{3.4}$$

P_t 为股票在 t 期的价格，D_{t+1} 为 $t+1$ 期的股利，r 为资产收益率，g 为股利增长率。

联准会模型认为，股票收益率等于债券收益率与股票内在的风险溢价之和。在(3.4)式中，如果 g 不变，D_t 不变，P_t 与 r 之间的关系可以解释联准会模型的股票价格波动。

但是,由于债券的收益率主要是通过名义利率测算,而名义利率的主要影响因素是通货膨胀率。一般而言,实际利率是比较稳定的,不随通货膨胀率的变动而变动,而戈登模型中,G_t 并不随通货膨胀率的波动而变动,因此,需要对模型进行修正。假设股票投资者存在"通胀幻觉"(inflation illusion),即股票投资者不能完全理解股利的变化是由于通货膨胀产生的还是红利增长率提高产生的(Modigliani,Cohn,1979)。这时,当通货膨胀上升时,债券的名义收益率相应上升。但是,股票投资者并不是同时调整下一期股利增长率,而是认为股票价格过低。

重新定义 r_e 为风险溢价产生的收益率,r_f 为无风险债券收益率,g_e 为风险溢价产生的股利增长率(John Y. Campbell,Tuomo Vuolteenaho,2004),因此:

$$r_e = r - r_f \tag{3.5}$$

$$g_e = g - r_f \tag{3.6}$$

在通胀幻觉作用下,投资者经常作出错误的判断,因此,每个 g_e 与 r_e 都有两个数值,即 $g_{e,OBJ}$、$g_{e,SUBJ}$ 和 $r_{e,OBJ}$、$r_{e,SUBJ}$。因此,根据戈登增长模型,得出:

$$\frac{D}{P} = r_{e,OBJ} - g_{e,OBJ} = r_{e,SUBJ} - g_{e,SUBJ} \tag{3.7}$$

$$\frac{D}{P} = - g_{e,OBJ} + r_{e,SUBJ} = (g_{e,OBJ} - g_{e,SUBJ}) \tag{3.8}$$

从(3.8)式中可以看出,股息率由三个部分组成:实际风险溢价产生的红利增长率的负数($-g_{e,OBJ}$)、投资者主观风险溢价产生的收益率($r_{e,SUBJ}$)与错误定价项($g_{e,OBJ} - g_{e,SUBJ}$)。发现,在通货膨胀上升的条件下,$g_{e,OBJ}$ 会上升,而 $r_{e,SUBJ}$ 却会下降。因此,为了维持(3.8)式,高通胀将会使得($g_{e,OBJ} - g_{e,SUBJ}$)产生一个正的差值。由于投资者通胀幻觉的存在,导致投资者错误定价,而使得股票收益率与通货膨胀存在一个负的相关关系。但是,对个人或家庭投资者来说,股票在长期(超过5年)比短期能够更有效的对冲通货膨胀风险(Richardson,1993)。

3.3.2　通货膨胀影响半强流动性资产价格的内在机制

一个国家或地区的通货膨胀程度始终伴随着宏观经济政策的变化,

通货膨胀不会直接影响到股票收益率,而是通过各种经济政策的调整,间接影响股票价格的波动,这些政策可以分为货币政策与财政政策两种。

1. 货币政策

通货膨胀的发生始终伴随着货币政策的实施。货币主义学派认为,通货膨胀主要是货币超发造成的结果。货币政策主要包括货币供给与利率调整。各国为了防止通货膨胀的发生,最好的办法就是控制货币供给。一般来说,货币供给与股票价格波动有正的相关关系,即增加货币供给量会使得股票价格产生上升的走势。这种关系主要原因在于:第一,增加货币供给可以促进股票市场的繁荣;第二,增加货币供给会使得商品价格上涨,而企业的销售额和利润也会同步上升,那么企业红利也会提升到一定水平,这些都会使得股票价格相应上升;第三,通货膨胀时常伴随着一定的泡沫经济。因此,货币供给的变化是股票价格波动的一个非常重要的因素,而央行调节货币供给量主要通过三个方式实现:调整再贴现率、存款准备金率和公开市场操作。通货膨胀对股票市场的刺激很大,从货币供给角度来看,股票价格走向与通货膨胀的趋势一致。

根据费雪提出的方程式,如果名义利率不变,通货膨胀率上升会使得银行存款实际利率下降,甚至变为负值。此时,国家为了控制通货膨胀率,也会采取提高基准利率的方法。当利率上升的时候,股票价格一般会下降;而当利率下降的时候,股票价格会上升。

可以用个简单的模型说明利率与股票收益之间的关系。r 表示央行基准利率,CPI 表示消费价格指数(用来衡量通货膨胀水平,假设为外生变量),SR 表示股票收益,E 表示外部环境。两者之间的关系如下:

$$SR = f(E, r) \tag{3.9}$$

$$r = f(E, CPI) \tag{3.10}$$

从公式中,可以推导出如图 3.2 的利率股票收益的关系。

从图 3.2 左侧可以看出,当 E 不变时,r 随 CPI 上升而上升。也就是说,政府为了控制通货膨胀而提高利率。图 3.2 右侧图形显示,提高利率会减少股票收益,促使股票价格下跌。当通货膨胀率为 CPI_1 时,股票收益为 SR_1;当通货膨胀为 CPI_2 时,股票收益下降为 SR_2。

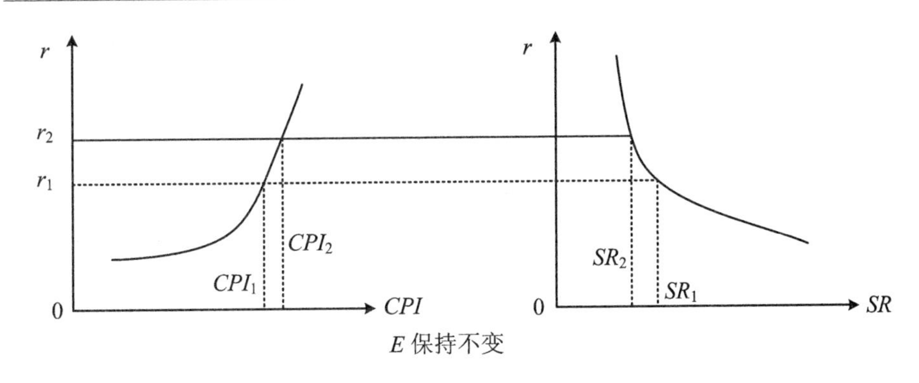

图3.2　利率与股票收益

央行调整利率导致股票价格产生股票的原因主要有三个方面：第一，利率上升不仅会增加上市企业的借贷资金成本，而且会使企业获得发展所需资金的困难更大。因此，企业会缩小生产规模，企业的未来利润空间也就变得更小。第二，当利率上升时，企业的折旧率也会上升，而投资者使用折旧率对股票估值，因此，股票估值下降，股票价格相应下跌。第三，当利率上升时，债券和其他随利率同方向变动的投资产品对股票市场产生更大的竞争性，导致一部分资金分流，股价下跌；相反，如果利率下降，储蓄存款收益率将会变得更低，人们为了获得更多的期望收益，一部分存款会投向股票市场，导致股价上升。

2. 财政政策

通货膨胀也会使得国家在财政政策方面发生一些变化，这些变化主要是通过税收和国债影响股票价格。

税收是国家为实现其职能，凭借政治权力，按照法律规定，通过税收工具强制地、无偿地征收参与国民收入和社会产品的分配和再分配取得财政收入的一种形式。政府可以通过调整税收结构和税收收入总量来调节证券投资规模和实际固定资产投资。税收政策的变化不仅能够抑制全社会固定资产投资需求的膨胀，而且还可以弥补有效投资需求不足。对证券投资者来说，不同的税收政策和所得税率都会直接影响到投资者的收入水平，而收入水平的高低也就关系到投资者进入股市的意愿。企业营业税的高低直接关系到企业净利润的高低，这就反映了投资者的上市企业的红利收益。

国债,又称国家公债,是国家以其信用为基础,按照债券的一般原则,通过向社会筹集资金所形成的债权债务关系。国债是由国家发行的债券,是中央政府为筹集财政资金而发行的一种政府债券,是中央政府向投资者出具的、承诺在一定时期支付利息和到期偿还本金的债权债务凭证。由于国债的发行主体是国家,所以它具有最高的信用度,被公认为是最安全的投资工具。央行对市场国债总量的调节是公开市场操作的一种方式。国债的发行对股票市场的作用不可小视;第一,国债的发行必然会使得金融市场的一部分资金被吸收,金融市场资金量下降对股票价格会产生一定的压力。第二,短期国债利率上升,相对其他投资产品的竞争力上升,使得一部分风险厌恶的投资者转向投资国债。因此,当市场流动资金有限时,发行国债必定会影响到股票价格的波动。

3.4 通货膨胀影响弱流动性资产价格的理论与内在机制

3.4.1 通货膨胀影响弱流动性资产价格的理论

前文资产分类已经说明,房地产是弱流动性资产中最重要也是最具有代表性的资产之一。因此,我们主要考察通货膨胀影响房地产价格的理论及内在机制。

在通货膨胀与资产价格的研究中,最著名的理论莫过于"货币幻觉"的提出。1979 年,Modigliani 和 Cohn 认为,在经济环境经历长期低通胀水平的条件下,人们会很自然地按照前期通货膨胀水平调整资产的名义收益率和实际收益率,对没有预料到的通货膨胀水平上升也做出了与先前一样的调整。于是,投资者认为资产的名义收益率上升是由于实际收益率的上升造成的。因此,短期内,投资者会提高资产价格。但是,名义收益率上升不久就被通货膨胀抵消,资产价格出现理性回落。因此,从长期看,通货膨胀对资产价格没有实质性的影响。由于房地产作为一种主要的资产形式,自然也可以用"货币幻觉"解释两者之间的关系,并且国内外学者将这个理论广泛应用于通货膨胀与房地产价格关系的研究。

大多数研究者都将房价与租金比作为房价高低的一个重要衡量指标。本书采用 Markus K. Brunnermeier 和 Christian Julliard(2006)的模型说明通货膨胀对房地产价格的影响。在他们设定的一个动态最优化系统中,房地产价格是家庭持有住房唯一成本,租金和房地产未来出售获得的现值是持有住房收益。因此,得到以下等式:

$$P_t = \widetilde{E}_t\left[\sum_{\tau=1}^{T-1} m_{t,t+\tau} L_{t+\tau} + m_{t,T} P_T\right] \tag{3.11}$$

其中,P_t 表示 t 期房地产价格;$m_{t,\tau}$ 是位于 t 和 $\tau>1$ 之间的随机折现因子;T 是出售住房时间;$\widetilde{E}_t$ 是在时间 t 时的代理人主观条件期望。

根据 Modigliani 和 Cohn(1979)的研究结果,先不考虑通货膨胀因素的影响,并且假设租金不变。当 $T\to\infty$ 时,理性投资者会产生一个均衡状态:

$$\frac{P_t}{L_t} = E_t\left[\sum_{\tau=1}^{\infty} \frac{1}{(1+r_{t,t+\tau}{}^{\tau})}\right] \approx \frac{1}{r_t} \tag{3.12}$$

$r_{t,t+\tau}$ 是从 t 到 τ 时的无风险实际收益率。假设 $\lim\limits_{T\to\infty}\left(\frac{1}{1+t_{t,T}}\right)^T P_T=0$,且 r_t 不变,则(3.12)式成立。

相反,如果代理人有“货币幻觉”,他会把名义无风险收益率当成是实际收益率。这意味着通货膨胀产生了估值偏差,即

$$\frac{P_t}{L_t} = \widetilde{E}_t\left[\sum_{\tau=1}^{\infty} \frac{1}{(1+r_{t,t+\tau}{}^{\tau})}\right] \approx E_t\left[\sum_{\tau=1}^{\infty} \frac{1}{(1+i_{t,t+\tau}{}^{\tau})}\right] \approx \frac{1}{i_t} \tag{3.13}$$

这个结论显然支持通货膨胀影响住房价格的波动,这个解释是建立在投资者存在“货币幻觉”基础之上的。因为,由于投资者对各种信息的缺失或分析的不够全面,货币幻觉也就成了经济学界的共识。

3.4.2　通货膨胀影响弱流动性资产价格的内在机制

与通货膨胀间接影响股票价格的机制相似,通货膨胀对房地产价格的影响也是通过其他方式来实现的。首先,通货膨胀率上升,物价水平相应上涨,建设房地产所需要的成本也会上升;其次,房地产企业主要是通过银行借贷实现融资,通货膨胀率的上升必定会使得国家出现对应的

宏观调控,紧缩的货币政策使得融资更加困难,房地产供给下降;最后,大多数个人或家庭购买住房都是实行银行按揭,通货膨胀率上升导致的利率上涨,会使得家庭购买住房的资金成本加大,购买意愿下降,从而需求下降。

以中国房地产开发成本为例,2012 年,通过国内研究人员的调查,我国房地产成本的组成要素包括:土地费用占 20%~50%,并有进一步上升的趋势;前期工程费用占整个成本比例不超过 6%;建筑安装工程费约占 40%;市政公共设施费用占 20%~30%;管理费用占比一般不超过 2%;贷款利息以融资额度和周期而定;税费占比在 15%~25%;其他费用不超过 10%。[①] 从房地产开发成本的构成我们也可以得出,在房地产企业维持自身利润的条件下,通货膨胀率的上升,必然造成建材价格和工资水平普遍上涨,这些成本的上升也将会转嫁给消费者(投资者),即房地产价格上涨。

通货膨胀率上升会使央行对利率进行调整,利率对房地产市场的作用如同股票市场一样强烈,主要通过影响房地产企业的融资成本与投资者的购房成本和预期。对房地产企业来说,一方面,利率上升导致已借资金的利息成本上升,总成本上升;另一方面,利率上升使得房地产企业的融资更加困难,企业资金周转出现断链风险,企业为了正常运营,会作出各种促销活动,直至降价销售。对投资者来说,利率上升也同样让住房购买者银行按揭成本上升,同时获得资金也会出现困难,投资需求下降,综合这两个方面,投资者会产生房价下跌预期,购房意愿下降。这些都会使得房价产生向下的压力。

此外,由于房地产被多数投资者认为是保值商品,具有很好的对冲通货膨胀的作用,所以,在通货膨胀率很高时,投资者投资房地产的意愿也就增强,房地产投资投机需求增加。而房地产建设周期长,短期内供给存在很大的刚性,因此,根据供求理论,需求增加会使房价上涨。

---

① http://wiki.mbalib.com/wiki/%E6%88%BF%E5%9C%B0%E4%BA%A7%E6%88%90%E6%9C%AC.

3.5　家庭资产配置理论

3.5.1　家庭资产配置理论——基于零交易成本

家庭财富结构的理论基础主要为消费-储蓄理论，早期的绝对收入假说由凯恩斯在《就业、利息和货币通论》中提出。但是这种理论存在致命缺陷，它认为边际消费倾向是不变的，且平均消费倾向递减，而库茨涅兹发现这种理论与现实不符，长期中平均消费倾向是相当稳定的。而杜森贝提出的相对收入假说则认为消费者过去的消费习惯和周围的消费水平是决定消费的重要因素，即消费是由相对收入决定，因此，根据相对收入假说，消费支出存在"棘轮效应"。弗里德曼在1957年提出持久收入假说，将现期收入分为两部分：持久收入与暂时收入。根据这个理论，平均消费倾向取决于持久收入与现期收入的比率。与之相补充，莫迪利安尼在1954年提出生命周期假说(Life-Cycle Hypothesis)，这两个理论共同构成了现在的大部分学者研究家庭财富结构的理论基础。莫迪利安尼强调收入在人的一生中有系统地发生变动，储蓄使消费者把一生中收入高的时期的收入转移到收入低的时期。

假设消费者要生活 T 年，有财富 W，R 年用于工作，每年赚取收入 Y(不考虑储蓄所赚到的利息)。理性的消费者会在一生中选择平稳消费路径，那么会再 $W+RY$ 总量平均地分配到 T 年中，即每年消费为

$$C=\frac{W+RY}{T} \tag{3.14}$$

即：

$$C=\left(\frac{1}{T}\right)W+\left(\frac{R}{T}\right)Y \tag{3.15}$$

$$C=\alpha W+\beta Y \tag{3.16}$$

这里，参数 α 表示财富的边际消费倾向，参数 β 为收入的边际消费倾向。

如果同时假定市场信息是完全且有效的，投资者获取各类投资信息

的成本为零,即零交易成本。那么在满足投资者约束条件下,储蓄的一部分就会选择使财富得到保值增值的投资产品。这时,就需要使用投资组合理论来解释家庭资产配置行为,本书主要介绍马克维茨的资产组合选择模型。

首先,根据投资者可能的风险-收益机会,将各类资产随意组合,得出风险资产的最小方差边界(见图 3.3)。其次,在最小方差边界的上半部分,所有点的组合是风险-收益最优的资产组合,在无风险资产和风险资产的配置中,需要找一条资本配置线,让它的报酬与波动性比率最高,资本配置线与有效率边界的切点即是我们需要的无风险资产与风险资产的最优组合点,即位于 $CAL(P)$上的 P 点(见图 3.4)。

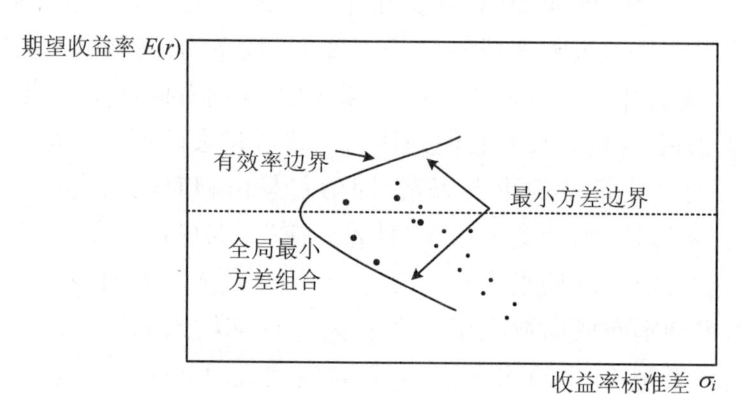

图 3.3 风险资产的最小方差边界

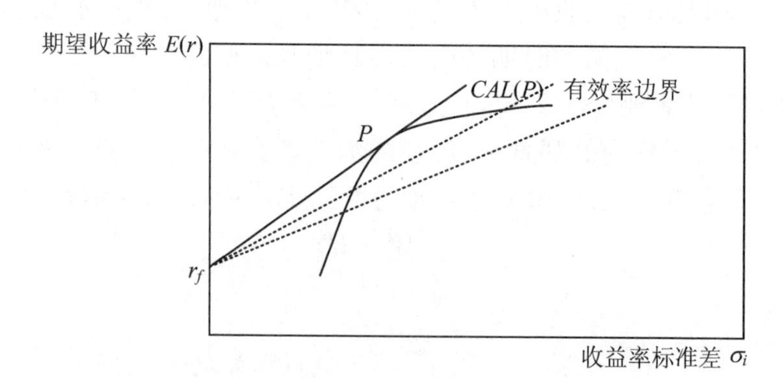

图 3.4 有最优资本配置线的风险资产的有效率边界

3.5.2　家庭资产配置理论——基于正交易成本

由于零交易成本与现实不符，金融市场体制尚不能完全抵消交易成本或使交易成本小至忽略不计。房地产交易时需要的信息搜寻成本和匹配成本占交易额的比重还是很高，由于金融市场信息不完全，获取信息或信息不全对投资者来说也产生了很大影响。

假设 t 期家庭有三类资产，分别为现金通货 m_t、金融资产 f_t、房地产资产 h_t。不考虑消费或消费与投资的关系已经确定，在正交易成本条件下，家庭资产配置的模型为：

目标函数：

$$\max_{m_t, f_t, h_t} \sum_t R_t(m_t, f_t, h_t) \tag{3.17}$$

约束条件：

$$f_t = f(tr_{f_t}) \tag{3.18}$$

$$h_t = f(tr_{h_t}) \tag{3.19}$$

这里，R_t 表示收益，tr 表示交易成本。在确定消费与投资比例的前提下，家庭资产配置的目标函数为使家庭永久期间的收益最大化(不考虑利率)，但是由于交易成本的存在，金融资产与房地产的配置受到交易成本的影响，配置会受到家庭各种因素的影响而有所不同。因此，理性化的家庭决策者会根据自己掌握的信息和需求状况配置家庭财富。

第4章　通货膨胀与强流动性资产

本章主要探讨通货膨胀对家庭资产配置中的强流动性资产的影响。根据上一章提供的理论基础可知，通货膨胀与强流动性资产收益率属于一一对应的负相关关系。因此，首先介绍通货膨胀相关理论；其次采用中国宏观经济数据分析通货膨胀对强流动性资产的影响。研究发现，近20年来，通货膨胀产生的首要原因是货币超发，我国长期较高水平的通货膨胀率使人民币通货快速贬值，强流动性资产收益率一直为负值，但是强流动性资产总量却在增加，主要原因在于交易需求和预防需求的刚性，以及产品的多样化产生的交易需求增加。

4.1　引　　言

在世界各国采用纸币作为交易货币之后，通货膨胀几乎已经成为了各国宏观经济的一种普遍现象。对通货膨胀的成因，各个经济学派作出了不同的解释。比如，货币主义学派弗里德曼认为，通货膨胀是一种货币现象，是因货币供给量的增长超过产出的增长而产生的。他指出通货膨胀产生的根本原因是央行货币超发。而凯恩斯主义学派认为，通货膨胀主要是由膨胀性缺口造成的，当全社会总需求大于总供给时，形成缺口，价格上升。对通货膨胀的分类，表4.1说明了不同的分类标准及其类型。其中，爬行通货膨胀是指每年物价上升比例在3%以内；温和通货膨胀是指年通货膨胀率在 3%～10%；奔腾通货膨胀是指年通货膨胀率在 10%～100%；超级通货膨胀或恶性通货膨胀是指通货膨胀率在 100%以上。

表 4.1　通货膨胀分类标准及类型

分类标准	类　型
按市场机制划分	公开型、隐蔽型、抑制型性
按幅度划分	爬行、温和、奔腾、恶性
按预期划分	预期、非预期
按成因划分	需求拉动型、成本推动型、混合型、结构型

家庭财富的累积形成了国家财富的主体部分，而国家财富和家庭财富的积累又是通过每年 GDP 的累积来实现的。因此，通货膨胀与经济增长之间的关系对考察通货膨胀对家庭资产配置的影响就显得特别重要。根据菲利普斯曲线，短期内，通货膨胀与经济增长有正相关关系。温和通货膨胀有利于经济稳定、持续增长；奔腾通货膨胀对经济稳定不利，而且会产生泡沫经济，处理不当会产生经济长期萧条；恶性通货膨胀则会重创实体经济，使人民恐慌，经济体发生崩溃。

一般来说，货币供给由央行控制，央行向市场投放货币，在短期内不会立即产生通货膨胀，反而对经济增长有一定的促进作用，这可以用凯恩斯主义的 IS-LM 模型解释。从长期来看，货币的投放只会引发物价上涨，产生通货膨胀。可以用图 4.1 反映这三者之间的关系。

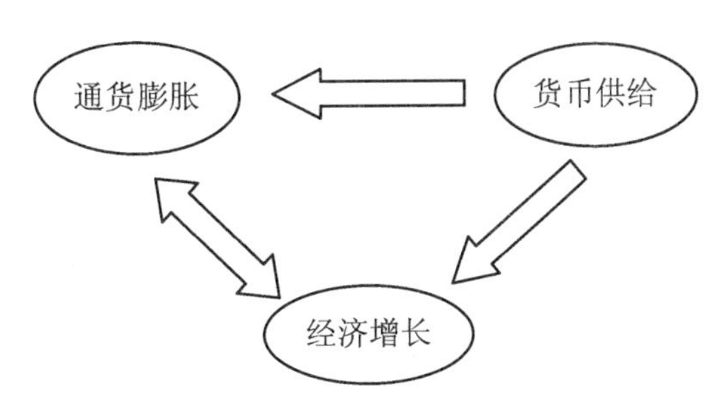

图 4.1　经济增长、通货膨胀与货币供给互动图

从上述分析可知，在短期内，货币供给增加可以促进经济增长，但是从长期而言则会产生通货膨胀。在短期内，通货膨胀与经济增长之间有正相关关系，也就是说，对家庭财富而言，短期内通货膨胀有利于财富的增加。

4.2 通货膨胀对我国家庭持有货币财富的影响分析

4.2.1 通货膨胀对我国家庭持有货币成本的影响分析

前面的资产分类已经指出，强流动性资产的代表是现金货币和活期存款，本节重点分析通货膨胀对现金货币收益的影响。根据第 3 章的理论，通货膨胀是家庭持有货币的成本，即在通货膨胀情况下，货币的收益率为负值。因此，将分析的重点转向对我国通货膨胀的分析上来，后面的分析都将采用 CPI 数据作为通货膨胀率的测度，数据来源于 2011 年《中国统计年鉴》。

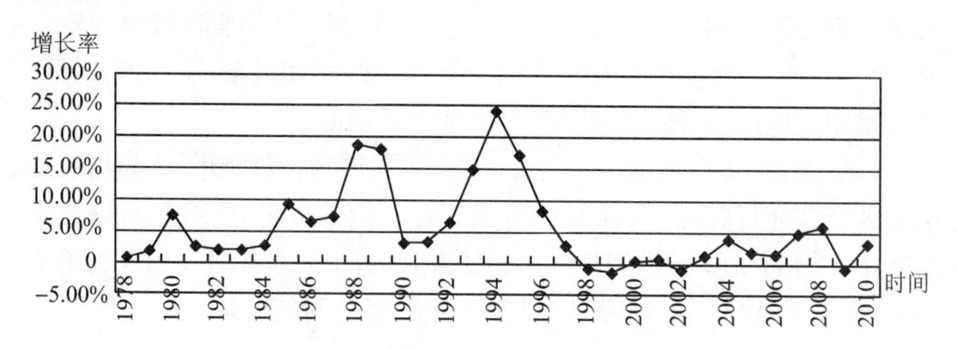

图 4.2 1978～2010 年中国 CPI 增长率(上年为 100)

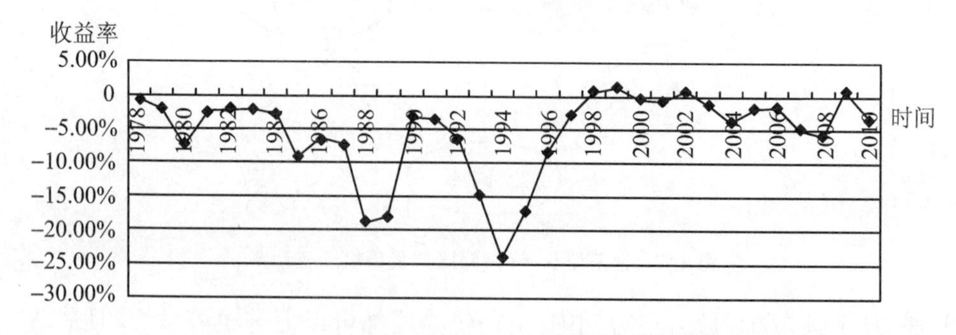

图 4.3 1978～2010 年中国货币持有年度收益率

我们可以通过考察中国1978～2010年的每年CPI同期增长率数据，分析中国货币持有的年度收益率，即持有成本。图4.2与图4.3是两个完全相反的图形。图4.3显示，在最近的33年中，有29个年份持有货币的收益率为负值，即成本大于零；有13个年份货币的持有成本超过5%；5个年份货币的持有成本超过10%，其中，1994年CPI增长率一度达到24.1%。通过换算我们可以得知，家庭在1993年末持有的10 000元人民币，到了1994年末，实际购买力只相当于1993年末的8 058元，财富缩水十分严重。

根据货币数量理论，货币供给与货币流通速度的乘积等于价格水平与国内生产总值的乘积，即$M \cdot V = P \cdot Y$。一般来说，假设货币流通速度不变，观察货币供给对中国货币持有成本的影响。其中，M_0为流通中现金，特指银行体系以外各个单位的库存现金和居民的手持现金之和，即所有中国家庭持有的货币财富的总和。狭义货币M_1为M_0加上单位在银行的活期存款。广义货币M_2是指M_1加上在银行的定期存款和城乡居民个人在银行的各项储蓄存款以及证券客户保证金。M_2与M_1的差额，即单位的定期存款和个人的储蓄存款之和，通常称作准货币。货币供给对通货膨胀的影响主要看广义货币增长率。

从图4.4中可以看出，在2008年之前，M_2同比增速走势与滞后一期的CPI同比增速走势几乎相同，这是因为货币供给反映在通货膨胀水平上要滞后一期。2008年，M_2走势与CPI走势相反，说明世界经济危机影响了我国经济的复杂性，货币供给不再是通货膨胀率上升的主要原因。

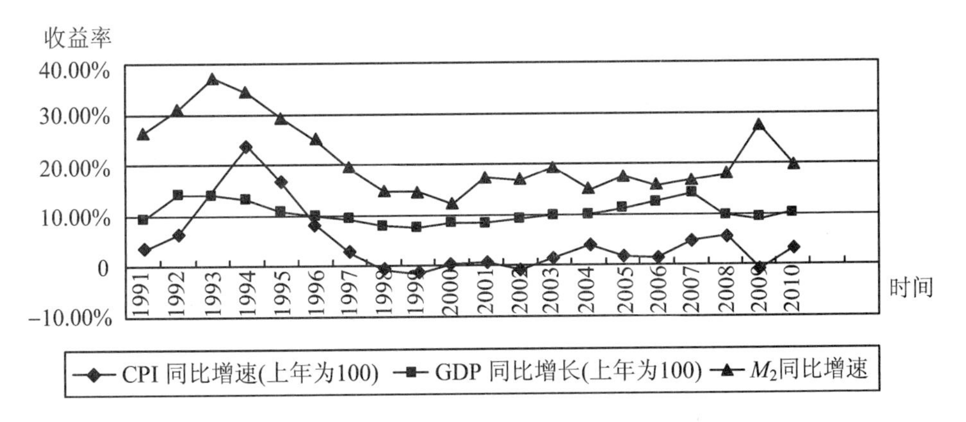

图4.4　GDP、M_2与CPI的比较

4.2.2　通货膨胀对我国家庭货币财富持有总量的影响分析

通过上述货币持有的成本分析得知，家庭拥有的货币财富在满足自身交易需求的基础上，应该尽量减少货币持有，以减少通货膨胀带来的购买力水平下降的损失。随着中国经济增长持续增长，消费多样化程度越来越高，家庭的交易需求量也会得到进一步提升。

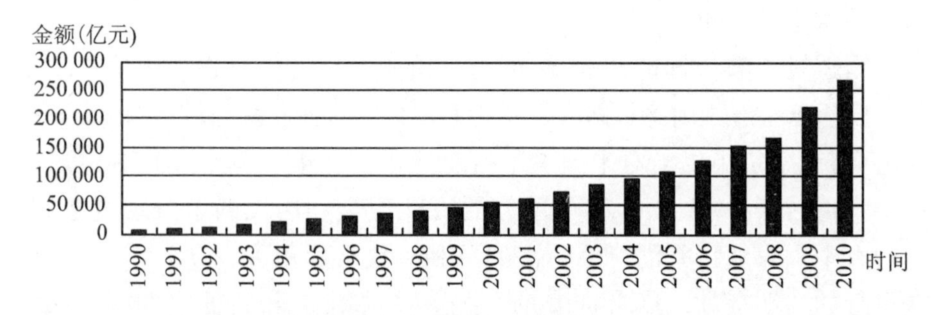

图 4.5　中国家庭持有的货币财富(1990～2010 年)

1978 年，我国流通中的现金总量仅为 212 亿元。图 4.5 显示，1990 年家庭用于交易需求的货币财富总量已达到 2 644.4 亿元；1997 年，货币财富总量突破了万亿元，为 10 177.6 亿元，之后一直保持 10%以上的增长速度；到了 2010 年，流通中的现金(M_0)为 44 628.3 亿元。如果将现金货币总量分派给每个家庭，假设中国 2010 年末总人口为 13 亿，每个家庭有 5 口人，则平均每个家庭的货币财富持有总量为 17 164.69 元。这个数字在整个家庭财富中占比不大，但是显得非常重要。

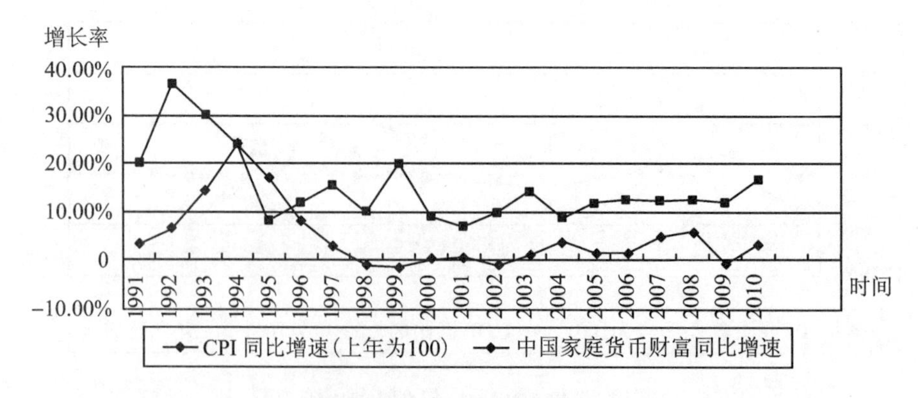

图 4.6　中国家庭持有的货币财富(1991～2010 年)

图4.6显示,CPI同比增速与中国家庭货币财富同比增速具有一定的相关性,一个可能的解释是,CPI水平很高时,由于实际交易需求具有一定的刚性,实际需求的数量要求货币持有保持CPI一定的增长速度。并且,M_0增速在大多数情况下远高于CPI增速,这是因为经济持续稳定增长,人们对物质文化生活的要求也越来越高,交易需求的多样性越来越大,因此,交易需求的增加使得人们提高货币财富持有的规模。

家庭货币财富总量永远小于央行累计发行的纸币总量,这是因为除了流通中的现金外,商业银行自身存放有大量现金货币,即存款准备金,而这部分现金可以通过央行调节准备金率进入流通领域。如果M_0数量不足以满足广大人民的需求,则会发生流通中的现金短缺,不利于日常交易,从而损害社会经济发展。

4.3　通货膨胀对我国家庭持有活期存款的影响分析

4.3.1　通货膨胀对我国家庭持有活期存款收益的影响分析

中国商业银行活期存款利率由央行确定,活期存款的特点是按活期存款利率随存随取,因此,本书把活期存款作为强流动性资产的另一个代表性资产。但是,它与现金通货不同的是,活期存款一般不具有临时交易需求的特征,而广泛应用于预防需求。在收益率上,活期存款又比现金通货零收益和高通胀成本优越很多。下面主要分析通货膨胀对中国家庭活期存款收益的影响。

与现金通货相似,在活期存款利率不变的情况下,通货膨胀就变成了活期存款的成本。根据费雪方程式$r=i-\pi$,活期存款利率为名义收益率,用CPI增长率测度通货膨胀率,可以计算出活期存款的实际收益率。采用每年年初活期存款利率作为本年度代表利率,这个替代的合理性在于央行利率调整相对不频繁,除了特殊的几个年份(如1993年、1996年、2007年)外最多只有两次调整。其次,每次调整的幅度变化都不大,对活期存款的储户来说，对收益率的影响不大。最后，年初利率具有本年度一年内的收益率，代表本年储户的收益率，比年末调整的利率不能核算本年度收益率更具有合理性。本节相关数据来源于中国人民银行数据中心。

图 4.7 显示，我国人民币活期存款利率在 1980～1990 年一直保持在 2.88%。到了 20 世纪 90 年代，活期存款利率波动性加剧，1991 年利率下降到 2.16%，然而到了 1994 年又一度上升至 3.15%的历史高位。这时期的高利率与当时的宏观经济环境有很大的关系，当时的通货膨胀率也同样处于历史高位运行。而之后的活期存款利率一直相对处于下降状态，1999 年 6 月 10 日，商业银行人民币活期存款利率降至 0.99%，历史上首次跌破 1%，从此，活期存款步入了低利率时代。到了 2008 年 11 月 27 日，活期存款利率为 0.36%，为新中国成立后的历史最低值。

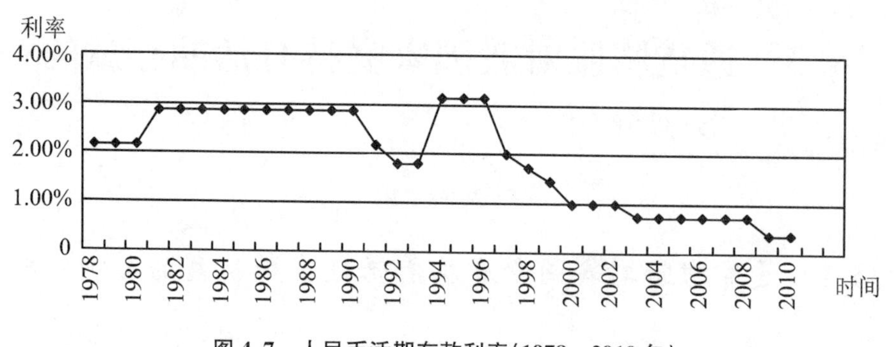

图 4.7 人民币活期存款利率(1978～2010 年)

图 4.8 清楚地显示了 1978～2010 年人民币活期存款实际收益率的变化。1978～1984 年，除了 1980 年－5%的活期存款实际收益率外，其他年份的实际收益率都大于零，即通货膨胀率低于活期存款利率。但是，从 1985 年开始，到 1997 年止，活期存款实际收益率都为负数，而且在 1989 年、1990 年、1993 年、1994 年和 1995 年，实际收益率都超过了－10%，其中，1994 年活期存款实际收益率更是接近－21%。这个负收益率相当惊人，对普通家庭活期存款财富的持有产生了巨大打击，活期存款的真实购买力严重缩水。从 1999 年开始，实际收益率出现了正值，并且再次达到了 2.51%，但是，名义利率却只有 1.71%，也就是说，之后活期存款实际收益率的正值也会发生在特有的一些年份，即发生“通货紧缩”。1998 年亚洲金融危机的发生一定程度上影响了中国经济，出口

大幅下降，产品积压，出现了供过于求的现象。同理，2008年年底发生全球经济危机之后，各国采取各种贸易保护政策，中国产品出口出现负增长。

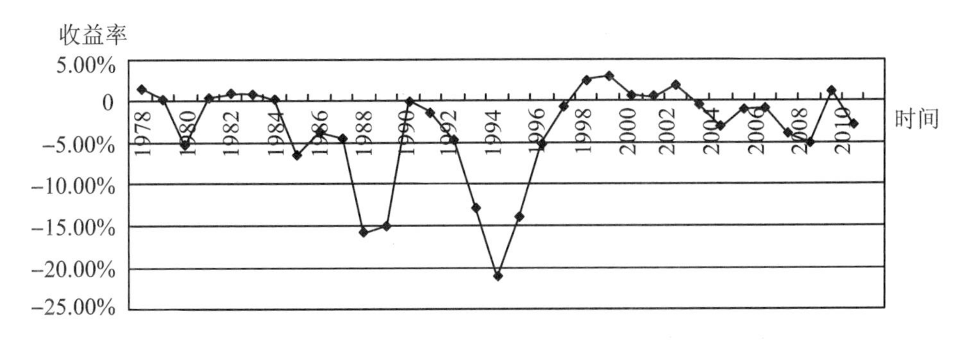

图4.8　人民币活期存款实际收益率(1978～2010年)

从以上分析可以得出，在中国经济增长平稳增长的年份中，活期存款实际收益率小于零，即人民币活期存款利率明显低于通货膨胀率，家庭财富持有活期存款不能对冲通货膨胀。因此，在家庭财富资产构成中，如果活期存款能够满足最基本的预防需求，家庭应尽量减少活期存款数额，以免资产贬值，财富缩水。

4.3.2　通货膨胀对我国家庭持有活期存款总量的影响分析

从前文通货膨胀对人民币活期存款的收益影响的分析可知，对理性的人来说，如果其他条件不变，通货膨胀对家庭的活期存款持有会产生不利影响，家庭应尽量减少家庭财富中的活期存款比重。本节将说明中国家庭活期存款总量的变化以及与通货膨胀之间的关系。[①]

图4.9显示了1990～2010年人民币活期存款总量的变化。1990年，人民币活期存款总量为4 306.3亿元；到了1993年，活期存款总量首次突破万亿，为10 415.7亿元，只用了3年时间就已经比1990年多出一倍多；之后，活期存款额度一直快速增长，1997年超过2万亿，达到24 648.7亿元；而2年后，在1999年继续快速增加，突破3万亿，为

① 人民币活期存款数据应该由个人存款和企业存款两部分构成，但由于现代企业都是股份制公司，因此，企业储蓄可以划归于企业股份所有者所有，故本书的活期存款不再区分家庭存款与企业存款。

32 381.7 亿元;2000 年之后,每年活期存款总额都突破一个数量级;至 2007 年,活期存款总量已经超过 10 万亿元,达到 122 184.9 亿元;到了 2010 年,人民币活期存款总量为 221 993.1 亿元。如果我们把这些活期存款平均分配给每个家庭,同样,假设 2010 年中国人口总量为 13 亿,每个家庭 5 口人,那么,每个家庭的活期存款持有总量为 85 382 元。这个数字要远远高于现金通货的持有量,活期存款与定期存款的高持有也就成了研究者广泛关注的"持币之谜"。

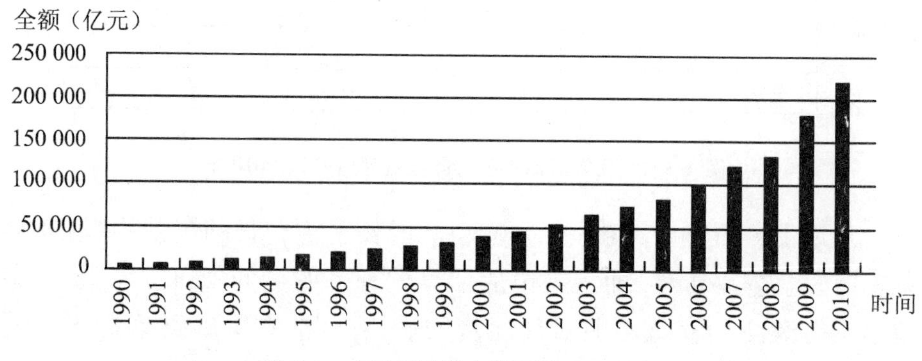

图 4.9 人民币活期存款总量(M_1-M_0)

图 4.10 显示了人民币活期存款增长率与通货膨胀之间的关系。首先,我们探讨活期存款增长率,在 1990～2010 年,活期存款增速一直保持在 10%以上。其中,有 9 个年份的增速在 10%～20%,有 8 个年份的增速在 20%～30%,1992 年、2009 年的活期存款增长率高达 36%左右,1993 年更是超过了 40%。人民币活期存款如此之高的增长速度,不仅让人惊叹,而且也成了众多学者的研究对象。许多学者从不同的角度讨论了这个现象,一些人认为是中国人民的藏富习惯导致的结果,也有研究人员从信息不足、投资渠道不畅等方面考虑。本书不再加以探讨。

从图 4.10 的两条曲线走势可以看出,它们具有一定程度上的负相关关系,这种现象可以用活期存款的实际收益率来解释。通货膨胀率越高,活期存款的实际收益率越低,活期存款正常增速也就受到影响,增速下降;同理,通货膨胀率越低,活期存款的实际收益率就越高,这也就使得人们更多地持有活期存款,因此,人民币活期存款的增长率越大。通过第 3 章的分析,对活期存款总量的高增长可以从两个方面解释:首先,活期存款的一部分增速应与 GDP 增长保持一致,这是家庭正常分配各类财富比重的结果;其次,高消费人群的快速增加和中国农村城镇化也会使得活期存款加速增长。

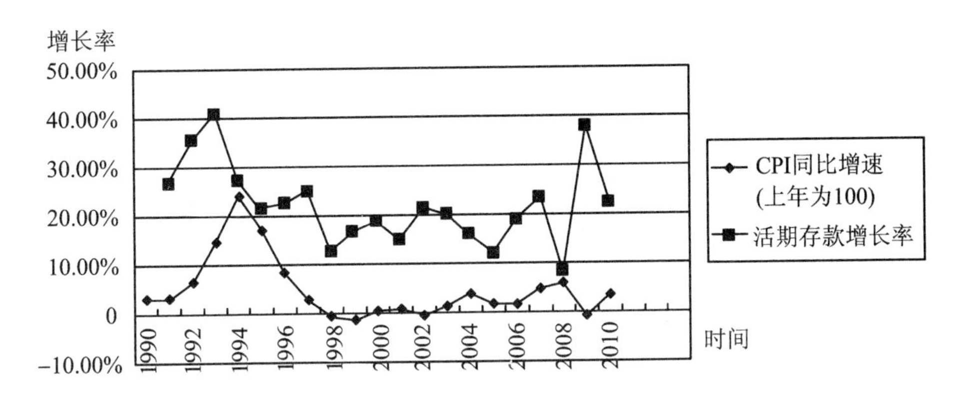

图 4.10　人民币活期存款增长率与 CPI 同比增速(1978～2010 年)

总之,对家庭来说,由于人民币活期存款实际收益率一直处于小于零的状态,活期存款无法对冲通货膨胀,家庭的最优选择是在保证基本的活期存款需要的前提下,尽可能地减少活期存款持有量,增加其他高收益的资产投资,达到合理理财的效果。

第5章　通货膨胀与半强流动性资产

5.1　中国股票市场

半强流动性资产包括的范围很广，主要有股票、债券、基金、保险以及各种金融衍生产品等。其中，大部分的基金都是股票型基金，少数则按一定比例投资于股票市场，社会保险、财产保险等都或多或少地参与股票投资，而金融衍生产品多数更是证券从业人员以股票市场为基础设计的。因此，研究通货膨胀对股票价格波动的影响以及对股票收益率的影响，在分析通货膨胀与家庭资产配置的关系中也就显得至关重要。

中国股票市场从1984年上海飞乐音响公司发行第一只“小飞乐”股票开始，至今经历了5个阶段：萌芽阶段（1984～1987年）、起步阶段（1988～1991年）、探索阶段（1992～1997年）、调整阶段（1998～2006年）和发展阶段（2007年至今）。

（1）萌芽阶段。1984年7月，北京天桥股份有限公司和上海飞乐音响股份有限公司经中国人民银行批准向社会公开发行股票。1986年9月26日，中国第一个证券交易柜台——静安证券业务部的开张，标志着新中国从此有了股票交易，并且向社会公开发行。1987年9月27日，经中国人民银行批准，深圳市12家金融机构出资组成了全国第一家证券公司——深圳特区证券公司。

（2）起步阶段。1988年4月，中国人民银行批准成立万国、申银、海通等证券公司，标志着证券业务专业化经营的开始。1990 年 12 月 1 日，深圳证券交易所试营业，1990 年 12 月 19 日，上海证券交易所的成立标志着中国证券市场的正式诞生。

(3) 探索阶段。在邓小平南方谈话之后，1992 年 5 月 21 日，上海证券交易所内所有股票价格全部由市场引导，不设涨跌幅限制。在筹资渠道上，除了 A 股市场筹集 50 亿元资金外，先后打通 B 股市场，探索 A＋H、A＋B 等不同的筹资渠道，融资规模不断扩大。1996 年 10 月起，国务院先后发布《关于规范上市公司行为若干问题的通知》《证券交易所管理办法》《关于坚决制止股票发行中透支行为的通知》《关于防范动作风险、保障经营安全的通知》《关于严禁操纵信用交易的通知》《证券经营机构证券自营业务管理办法》《关于进一步加强市场监管的通知》等，但是仍然没有一部正式证券法律法规颁布。

(4) 调整阶段。1998 年亚洲"金融危机"爆发，促使政府提高了对金融风险的重视程度，之后，规范证券市场的第一部法律——《中华人民共和国证券法》出台，标志着我国证券市场正式纳入金融体系。同时，在这一阶段，管理层意识到股权分置等制度性问题对证券市场发展的阻碍。2005 年，中国证券监督委员会启动股权分置改革，到 2006 年年底基本完成，标志着我国证券市场调整阶段的结束。

(5) 发展阶段。我国证券市场在不断规范和合理建设的推动下，证券市场的各项职能得到了很大发挥，对中国经济的持续稳定增长起到了推动作用。截至 2010 年 12 月，我国股票市场境内上市公司数达到 2 063 家，发行股数 33 184.35 亿股，其中流通股数为 25 642.03 亿股，股票市值 265 422.6 亿元，占 2010 年 GDP 的比例为 66.7%；其中流通市值为 193 110.40 亿元，与 2010 年 GDP 的比例为 48.5%。①

到目前为止，由于我国证券市场仍然处于发展阶段，还存在制度不合理、规范不足、监督不完善等诸多问题。因此，我国股票市场的波动不能作为中国经济的晴雨表，它们之间只显示了弱相关性，波动性不仅受到宏观经济因素的影响，还更多地受到政策因素的影响（温思凯，2010）。②

---

① 数据来源：中国社会科学院金融研究所（http://ifb.cass.cn/jrtj/index.asp）。

② 温思凯. 中国股票市场波动成因研究[D]. 成都：西南财经大学，2010.

表5.1显示,政策因素是上海股票市场异常波动的主要因素。11年中有57次异常波动,其中,政策因素有30次,比例高达52.6%。表5.2采用了不同的计算方法,得出的结论为:从1992年到2008年,总异常波动次数为178,与政策因素直接相关的波动有47次,占比约26.4%。不论哪种计算结果,政策变动无疑是中国股市波动的重要原因之一。

表5.1 上海股票市场异常波动影响因素分布(1992~2002年)

	1992	1993	1994	1995	1996	1997	1998	1999	2000	2001	2002
政策因素	3	3	4	1	4	4	0	4	2	2	3
扩容因素	3	1	0	2	0	2	0	0	0	1	0
消息因素	0	0	1	1	0	3	0	0	0	0	0
市场因素	0	3	3	0	1	1	0	1	2	0	0
其他	0	0	0	0	0	0	2	0	0	0	0
合计	6	7	8	4	5	10	2	5	4	3	3

资料来源:综合《中国证券大全》《中国证券报》《证券市场导报》及《股票市场波动的政策影响效应》(史代敏,2003)相关信息。

注:异常波动是指单日涨跌幅度>4%。

表5.2 上海股市异常波动与政策相关性统计表(1992~2008年)

	直接相关			不相关		
年份	1992~1997	1998~2003	2004~2008	1992~1997	1998~2003	2004~2008
波动次数	33	8	6	101	8	22
涨的次数	15	6	3	54	6	6
跌的次数	18	2	3	47	2	16
平均涨跌幅	11.01%	7.98%	7.50%	7.43%	6.79%	6.33%

资料来源:温思凯.中国股票市场波动成因研究[D].成都:西南财经大学,2010.

注:异常波动是指上证综合指数涨跌幅度>5%,连续两日或两日以上的涨幅(跌幅)按平均值计算。

第3章已经指出,通货膨胀对股票收益的影响,主要是通过货币供给、利率这两种货币政策渠道实现的。对中国证券市场,分别分析通货膨胀与股票价格波动之间的短期和长期关系,对家庭是否应该持有股票资产、如何持有股票资产具有重大意义。

5.2　通货膨胀与股票收益的相关性分析

5.2.1　数据说明

本节使用的各类原始数据来源：途径一，股票指数月收盘价数据来源于同花顺软件历史成交记录；途径二，上证指数月股票收益率数据来源于CCER经济金融研究数据库，由北京大学中国经济研究中心和北京色诺芬公司联合开发；其他宏观数据来源于中国经济信息网，由国家信息中心主办。因此，本书所有数据都具有权威性、准确性、可信性。

上证指数(SZZS)以1990年12月19日为基日，以该日所有A股的市价总值为基期，基期指数定为100点，自1992年2月21日起正式发布。深圳成指(SZCZ)是从深圳证券交易所挂牌上市的所有股票中抽取具有市场代表性的40家上市公司的股票为样本，以流通股本为权数，以加权平均法计算，以1994年7月20日为基日，基日指数定为1 000点。中小企业板指数(ZXB)以2005年6月7日为基日，基日指数为1 000。沪深300指数(HS300)是以2004年12月31日为基日，基日指数为1 000点，其计算是以调整股本为权重，采用派许加权综合价格指数公式进行计算。

对系列数据中个别缺失的情况处理，我们采用最常用的上个月(年)和下个月(年)中取平均值。通货膨胀仍然以CPI数据为测度数据，对CPI数据的相关处理则以1991年1月1日＝100为基期，计算之后20年内的每个月份CPI数据，计算公式：

$$\text{本月 CPI} = \text{上月 CPI} \times \left(1 + \frac{\text{本月 CPI 指数(上月} = 100) - 100}{100}\right) \tag{5.1}$$

股票收益率的计算方法：

1. 日个股收益率

日个股收益率的计算方法有两种:考虑现金红利的日个股收益率、不考虑现金红利的日个股收益率。

考虑现金红利的日个股收益率的计算公式:

$$r_{n,t}=\frac{P_{n,t}(1+F_{n,t}+S_{n,t})\times C_{n,t}+D_{n,t}}{P_{n,t-1}+C_{n,t}\times S_{n,t}\times K_{n,t}}-1 \tag{5.2}$$

不考虑现金红利的日个股收益率的计算公式:

$$r_{n,t}=\frac{P_{n,t}(1+F_{n,t}+S_{n,t})\times C_{n,t}}{P_{n,t-1}+C_{n,t}\times S_{n,t}\times K_{n,t}}-1 \tag{5.3}$$

其中,$P_{n,t}$表示股票n在t期的收盘价,$D_{n,t}$表示股票n在t期为除权日的每股现金分红红股数,$F_{n,t}$为股票n在t期为除权日的每股红股数,$S_{n,t}$为股票n在t期为除权日的每股配股数,$K_{n,t}$为股票n在t期除权日的每股配股价,$C_{n,t}$为股票n在t期除权日的每股拆细数。

2. 月个股收益率

同理,月个股收益率的计算也分为考虑现金红利与不考虑现金红利两种。

考虑现金红利的计算公式:

$$r_{n,t}=\frac{P_{n,t}}{P_{n,t-1}}-1 \tag{5.4}$$

其中,$P_{n,t}$表示股票n在t月的最后一个交易日考虑现金红利再投资的日收盘价的可比价格,$P_{n,t-1}$为股票n在$t-1$月的最后一个交易日考虑现金红利再投资的日收盘价的可比价格。

将$P_{n,t}$表示为股票n在t月的最后一个交易日不考虑现金红利再投资的日收盘价的可比价格,$P_{n,t-1}$为股票n在$t-1$月的最后一个交易日不考虑现金红利再投资的日收盘价的可比价格,则得到不考虑现金红利再投资的月个股收益率。

3. 市场收益率

市场收益率按不同的计算方式可以分为:考虑现金红利的等权平均市场收益率、不考虑现金红利的等权平均市场收益率、考虑现金红利的流通市值加权平均市场收益率、不考虑现金红利的流通市值加权平均市场收益率、考虑现金红利的总市值加权平均市场收益率、不考虑现金红利的总市值加权平均市场收益率。本处主要介绍流通市值加权方法，计算公式：

$$R_{n,t}=\frac{\sum_{n}w_{n,t}r_{n,t}}{\sum_{n}w_{n,t}} \tag{5.5}$$

$$w_{n,t}=V_{n,t-1}\times P_{n,t-1} \tag{5.6}$$

其中，$r_{n,t}$ 表示股票 n 在 t 时的个股收益率，$w_{n,t}$ 为股票 n 在 t 时的流通市值，$R_{n,t}$ 为流通市值加权平均市场收益率，$V_{n,t}$ 表示股票 n 在 $t-1$ 时的流通股数，$P_{n,t}$ 表示股票 n 在 $t-1$ 时的收盘价。

如果 $r_{n,t}$ 考虑到现金红利，则 $R_{n,t}$ 为考虑到红利的流通市值加权平均市场收益率；如果 $r_{n,t}$ 不考虑现金红利，则 $R_{n,t}$ 为不考虑红利的流通市值加权平均市场收益率。

5.2.2　通货膨胀与股票收益相关性分析

图 5.1 汇总了上证指数、深圳成指、中小企业板指数、沪深 300 指数和 CPI 指数。从图中可以很清晰地看出，CPI 指数处于平稳上升状态，在 1994 年后，CPI 同比增长不超过 10%，平均涨幅稳定在 3%左右。而股票市场各类指数的波动性较大，这个过程说明，家庭为了对冲通货膨胀风险，在购买股票资产的同时，应该考虑股票资产总体系统性风险。如果以 1991 年为基期，以上证指数为例，股票资产的收益率从 1991 年 1 月上证指数的 100 点上升为 2011 年 12 月的 2 808 点，上涨 28 倍；而通货膨胀率则从 1991 年 1 月的 100 点上升为 2011 年 12 月的 267 点，只上涨了 2.67 倍。然而，需要考虑基期的选择问题，股票市场的收益率也因基期的选择不同而产生巨大的收益差异，比如 2007 年 10 月 16 日，上证指数疯狂上涨至 6 124 点，之后全国金融危机爆发，全球股市无一例外产生暴跌，上证指数一直跌至 2008 年 10 月 28 日的 1 664 点，一年内，股票财富缩水 70%左右。

图 5.2 为上证指数月度数据统计性描述。在 252 个样本空间中，平

均值为 1 635.468，中值为 1 398.190，最大值为 5 954.77，最小值为 113.94，标准差为 1 027.602，偏态为 1.355，峰态为 5.49。单纯从统计量分析，若股市没有出现大的政策变动，而且在经济平稳的情况下，同时假设家庭是风险厌恶的，当指数处于 2 000 点以下时，家庭可以适当增加股票财富投资；当指数处于 3 000 点以上时，应减少股票资产的持有。

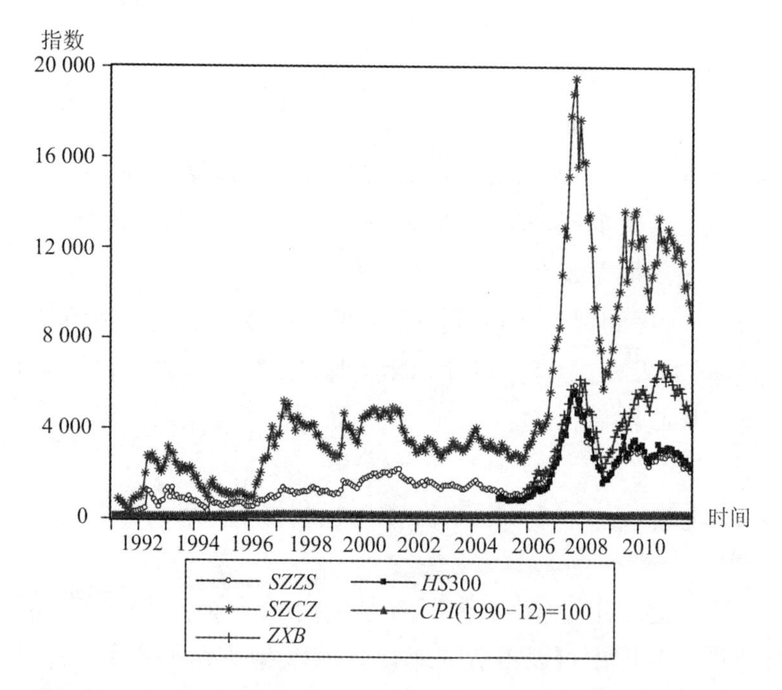

图 5.1 1991 年 1 月 1 日至 2011 年 12 月 31 日中国股票市场各类指数

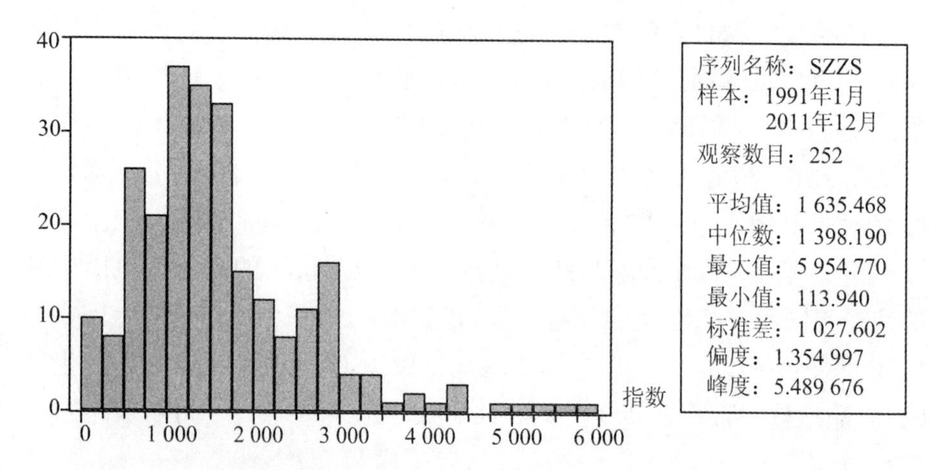

图 5.2 1991 年 1 月 1 日至 2011 年 12 月 31 日上证指数统计性描述

图5.3表明，在股市探索阶段，由于规范性不强，各种证券市场政策朝令夕改，股票收益率大幅波动。到了1997年，波动性显著缓和，指数平稳增长，这种现象持续了9年。从2006年开始，世界经济大起大落，股票市场再次陷入剧烈动荡之中，但此时已经比探索阶段平稳很多。直观上认为，股票收益同样受到宏观经济的大幅影响，不可避免地随通货膨胀率的变化而变化。

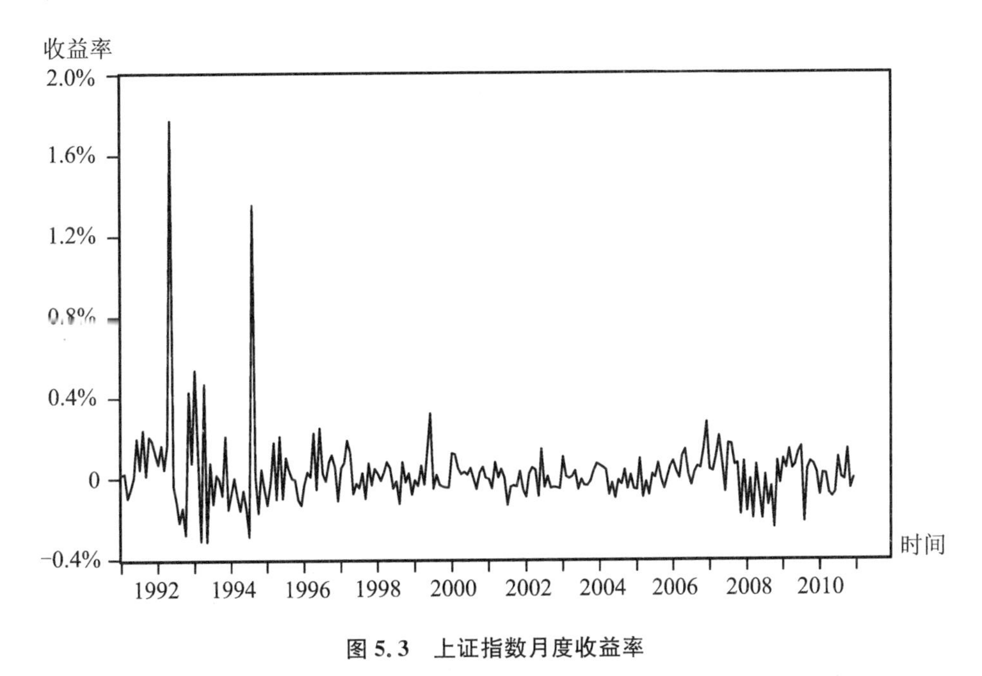

图5.3　上证指数月度收益率

表5.3给出了需要的答案，从相关系数矩阵上看，CPI(月环比增长)与股票收益相关系数为0.146，几乎不存在相关性。而美国CPI与股票收益的相关系数达到0.738。[①] 既然在我国通货膨胀与股票收益之间相关性不强，有理由得出结论，家庭在投资股票资产时，更多的是考虑到股票投资的期望收益，而很少关注通货膨胀对财富资产的损失。那么，股票投资是否可以对家庭财富资产的保值增值起到作用?

---

① 资料来源：Federal Housing Finance Agency；www.yahoo.com；Financial Trend Forecaster；陈吉梁.资产价格与通货膨胀的相关性研究[D].上海：复旦大学，2010.

表 5.3 CPI(月环比增长)与股票收益率(*SZZSSYL*)相关系数矩阵

	CPIM	*SZZSSYL*
CPIM	1	0.146 193
SZZSSYL	0.146 193	1

图 5.4 给出了 2001 年 1 月至 2011 年 12 月上证指数与 CPI 的走势图,并进行线性最小二乘估计(OLS),计算出它们各自的趋势线,两条趋势线的斜率分别为 13.776 和 4.973,股票收益的趋势线斜率明显高过 CPI 斜率。在我国,由于通货膨胀与股票收益呈弱相关关系,因此,短期内股票收益不随通货膨胀率的变化发生同向变化,股票资产不具有对冲通货膨胀风险的作用。在长期,比如说 10 年,在趋势线下的股票投资,股票期望收益率远远高于通货膨胀率。所以,股票资产不仅可以对冲通货膨胀风险,而且具有财富增值能力。也就是说,长期来看,家庭在趋势线以下投资股票资产,不仅可以避免通货膨胀风险,而且可以获得高收益率。

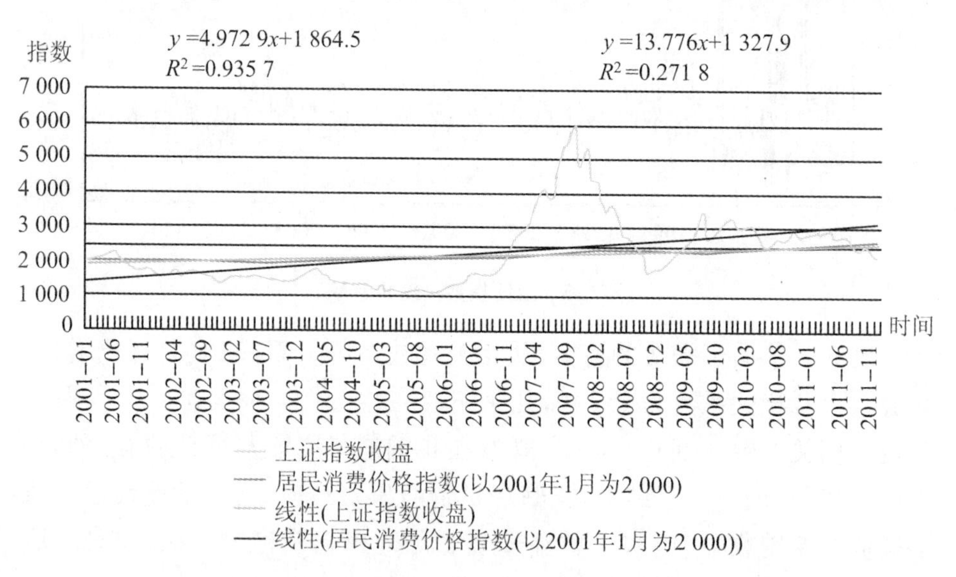

图 5.4 2001 年 1 月至 2011 年 12 月上证指数与 CPI 趋势图

因此,在家庭财富资产结构中,与银行存款相比,股票投资虽然有很大风险,但是如果我们合理地进行了风险控制,在只有系统性风险的情况下,如果家庭可以致力于长期投资,那么,只要指数下跌至趋势线下,家庭可以根据自身意愿加大股票资产在家庭财富中投资的比重。

5.3　通货膨胀与家庭持有股票资产的数量关系

在分析通货膨胀与股票收益相关性之后，进一步观察通货膨胀对家庭持有股票资产的数量是否产生影响，主要考察通货膨胀与A股新开户数、流通市值之间的关系是否具有显著性。

5.3.1　通货膨胀与A股新开户数相关性分析

图5.5显示，2002年1月，A股投资者总开户数为6 524.21万户。从2002年1月至2006年11月，A股投资者月开户数稳定缓慢增长，每月增长不超过1%。从2006年12月至2007年12月，一年内，A股总开户数达1.373 575亿户，平均每月增长率达到4%以上，这期间，A股同样迎来了大牛市。之后，A股投资者月开户数再一次处于平稳缓慢增长，至2011年12月，A股总开户数为1.857 6亿户。[①]

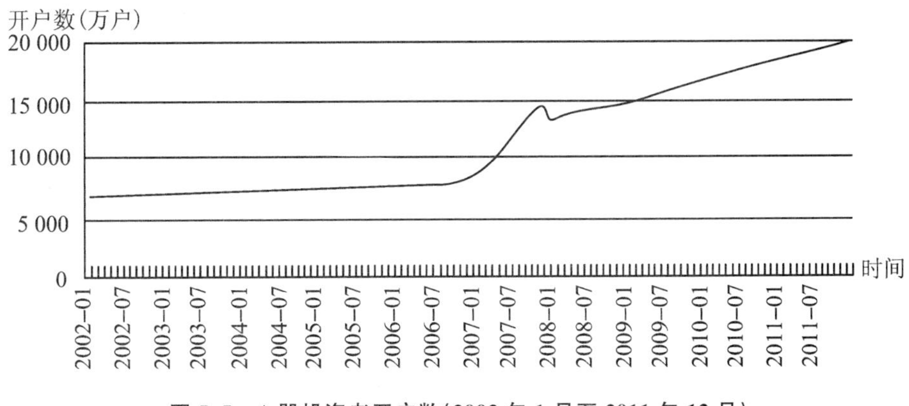

图5.5　A股投资者开户数(2002年1月至2011年12月)

① 2007年12月末，A股投资者总开户数为13 735.75万户，但2008年A股投资者总开户数为12 682.9万户，环比下降高达7.67%，为10年内唯一一次下降，下降的原因估计是2008年开始A股走向大熊市，投资者对资本市场的信心受到巨大打击，导致投资者注销账户，远离股市。

图5.6给出了2002年1月至2011年12月A股投资者开户数月环比增长率与CPI月环比增长率。从图形上看，2006年12月至2007年12月期间，A股投资者开户数月环比增长率波动性明显高于CPI的变化，但是在其他月份，这种波动性要低于CPI的变化。可以初步认为，两者之间不存在相关性。

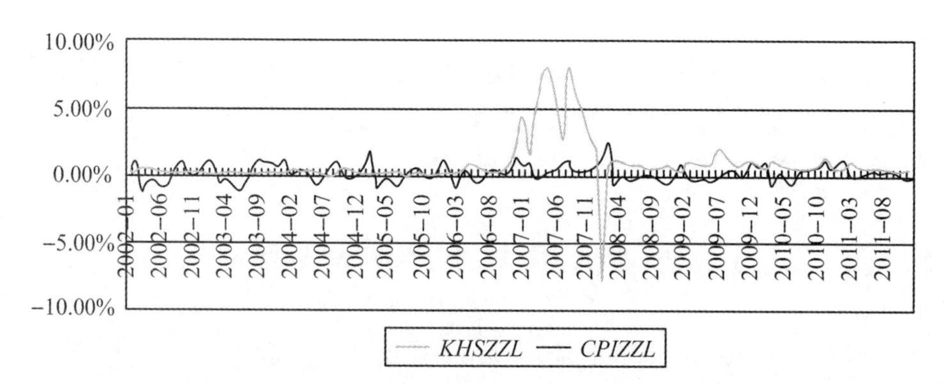

图5.6　CPI与A股投资者开户数月环比增长率(2002年1月至2011年12月)

下面进一步检验CPI与A股投资者开户数月环比增长率之间是否存在相关性。首先，我们分别对2002年1月至2011年12月的CPI和A股投资者开户数月环比增长率进行平稳性检验(ADF检验)，表5.4显示了两种的检验结果，结果表明，各个序列都不存在单位根，序列数据是平稳的。

表5.4　CPI、A股投资者开户数月环比增长率平稳性检验(2002年1月至2011年12月)

变　量	ADF值	1%临界值	5%临界值	10%临界值	是否平稳
CPIZZL	−8.031 375	−3.486 064	−2.885 863	−2.579 818	是
KHSZZL	−5.192 362	−3.486 064	−2.885 863	−2.579 818	是

$KHSZZL_t = 0.008\,799 + 0.040\,13 CPIZZL_t + \varepsilon_t$

Prob.　　0　　0.825

F-statistic＝0.049 115，*R-squared*＝0.000 416

由于*CPIZZL*和*KHSZZL*是平稳数据，可以用最小二乘法对两者进行回归，回归结果如下：*CPIZZL*的t统计量为0.221 618(不显著)，R^2为0.000 416(拟合度不强)，两者之间不存在直接的相关性。因此，可以确定通货膨胀与A股投资者的开户数增长率之间无直接关系。一般学者研究认为,开户数增长率主要因当时的经济环境变化而变化,特别受股市大幅周期性变化的影响。当股市出现多个交易日的大幅下跌,潜在股民认为股市处于周期性底部,选择进入股票市场,即开户数增加。前一节已经说明,通货膨胀与 A 股股票收益率的相关性不显著,因此,通货膨胀与开户数增长率相关性不显著也可以得到合理的解释。即通货膨胀不是家庭选择股票市场投资的直接原因。

5.3.2　通货膨胀与 A 股流通市值相关性分析

A 股股票市值分为两种:A 股总市值和 A 股流通市值。不是所有公司上市后发行的股票都可以在二级市场流通,所以,A 股总市值不能表现家庭投资股票市场的意愿。而 A 股流通市值是指可以流通的股份与当前股价的乘积,可以显现家庭持有股票资产的意愿。后面的分析只考虑通货膨胀与 A 股流通市值的关系。①

如图 5.7 所示,2002 年 1 月末,A 股总流通市值为 11 957.26 亿元,之后 4 年内平稳波动,至 2006 年 3 月,A 股总流通市值仅为 11 607.5 亿元。但从 2006 年 4 月开始,市值一路走高,至 2007 年 12 月末,A 股流通市值高达 90 526.52 亿元,比 2006 年 3 月流通市值增长了近 7 倍。之后,随着金融危机的越演越烈,A 股流通市值也一路下滑,至 2008 年 10 月末,仅为 37 062.41 亿元。之后随着金融危机的缓和以及 A 股出现的大扩容现象,市值再一次飙升,2011 年 4 月末,A 股流通市值高达 186 990.77亿元,创历史之最。到了 2011 年 12 月底 A 股流通市值为 146 631.46 亿元。

图 5.8 显示,2002 年 1 月末,投资者人均持有 A 股股票资产总量为 1.887 3 万元;到了 2005 年 7 月,这个数字变为了 1.278 2 万元,之后平稳缓慢增长。从 2006 年 12 月开始,出现了全民炒股浪潮,投资者人均持有 A 股股票资产总量上升为 6.655 9 万元。之后的走势与总流通市值类似,到了 2011 年 12 月末,投资者人均持有 A 股股票资产总量为 7.893 6 万元。

---

① 股票投资者主要分为机构投资者和个人投资者。机构投资者也可以理解为个人间接投资,比如股票基金等机构就是一种个人间接投资股票市场。

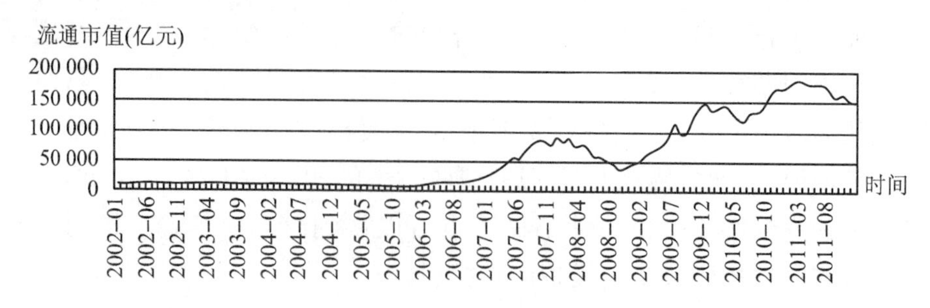

图 5.7 A 股总流通市值(2002 年 1 月至 2011 年 12 月)

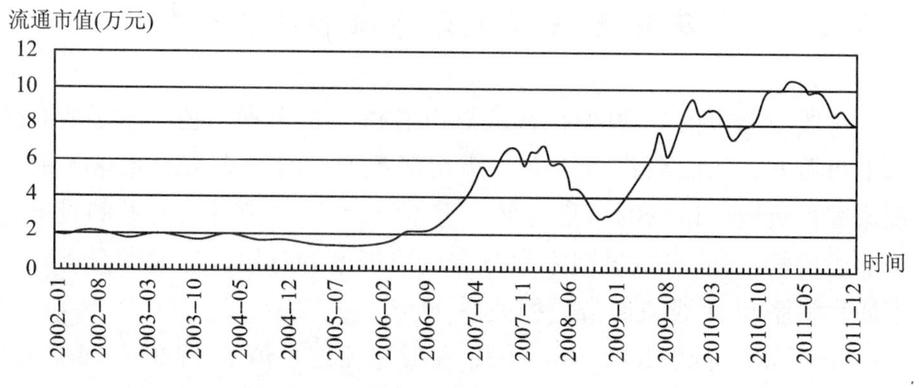

图 5.8 投资者人均持有 A 股股票流通市值(2002 年 1 月至 2011 年 12 月)

再进一步考虑通货膨胀与投资者人均持有 A 股股票资产总量增长率之间的关系。用 CPI 增长率代替通货膨胀率，为了计算的一致性，两者都直接使用月环比增长率。图 5.9 显示了它们在 2002 年 1 月至 2011 年 12 年期间各自的变化。从图 5.9 看，投资者人均持有 A 股股票资产总量增长率的波动性要显著强于 CPI 增长率，但看不出它们之间是否存在相关性。

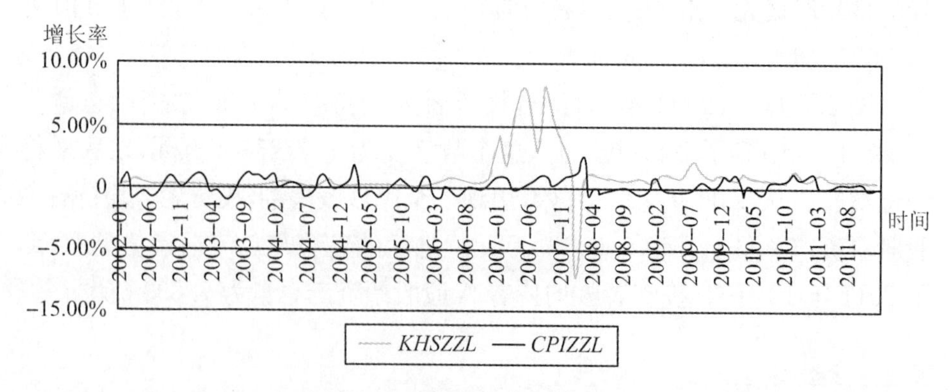

图 5.9 投资者人均持有 A 股股票流通市值总量增长率(2002 年 1 月至 2011 年 12 月)

用实证方法考察CPI增长率与投资者人均持有A股股票资产总量增长率之间是否存在相关性。分别对2002年1月至2011年12月的CPI和投资者人均持有A股股票资产总量增长率进行平稳性检验(ADF检验),表5.5显示了两种的检验结果,*RJTZZZL*在5%的显著性水平下不平稳,但在10%的显著性水平下是平稳的。

由于*CPIZZL*和*KHSZZL*在10%的显著性水平下是平稳数据,我们可以用最小二乘法对两者进行回归,回归结果:*CPIZZL*的t统计量为1.818 67,在5%的显著性水平下不能拒绝原假设,即不为零不显著,但在10%的显著性水平下接受原假设。再看调整后的R^2为0.019 022,拟合度不够。因此,我们也同样可以认为两者之间不存在直接的相关性,即我们认为通货膨胀与投资者人均持有A股股票资产总量增长率无直接关系。

表5.5 CPI与投资者人均持有A股股票流通市值月环比增长率平稳性检验

变量	ADF值	1%临界值	5%临界值	10%临界值	是否平稳
CPIZZL	−8.031 375	−3.486 064	−2.885 863	−2.579 818	是
RJTZZZL	−2.813 451	−3.486 064	−2.885 863	−2.579 818	是

$RJTZZZL_t = 0.020\ 508 + 2.524\ 163 CPIZZL_t + \varepsilon_t$

Prob. 0.034 2 0.825

F-statistic = 3.307 560, *R-squared* = 0.027 266

因此,有理由相信,中国股票市场投资者购买股票资产不是为了防范通货膨胀带来的资产贬值,且在长期,它们之间的关系不显著,股票资产不具有对冲通货膨胀风险的能力。

第6章　通货膨胀与弱流动性资产

6.1 引　　言

一般来说,弱流动性资产都是实物资产,包括房产地、贵金属等。它们的交易方式相对股票等金融资产的市场的自动匹配而言,存在一定的时间和空间障碍。本章选择房地产作为弱流动性资产的代表,分析通货膨胀对房地产价格的影响以及房地产投资是否可以对冲通货膨胀产生的财富损失。另外,由于黄金买卖的国际化程度很高,黄金价格的变动与一个国家或地区的通货膨胀相关性很弱,本章简单考察黄金价格变动趋势以及对冲中国通货膨胀风险的能力。

房地产是指土地、建筑物以及与土地、建筑物不可分离的部分及附带的各种权益,也被称为不动产。按存在的形式,可以分为房产和地产。因此,房地产具有三种形态:土地、建筑物、房地合一。本书的研究对象是房地合一的形式,即商品房,它是国家承认归个人或法人代表所有的,具有处置权、收益权的权益。在我国,一般商品房的业主同时具有国有土地使用权证和房屋所有权证。

在整个社会财富的积累中,房地产占据着举足轻重的地位。据统计,美国房地产价值占国民财富的比例约为75%,[①]英国房地产价值占国

---

① Chatrath A, Liang Y. REITs and Inflation: A long-Run Perspective[J]. Journal of Real Estate Research, 1998, 16(3): 311-325.

民财富的比重约为73.2%。[①] 我国房地产业自从改革开放以来经历了快速发展,1992年商品房的销售价格为995元/平方米,到了2010年,销售价格上涨为5 032元/平方米。不考虑建筑面积的增长,19年内,房地产价值上涨了5倍多。

房地产产业的兴衰过程对国家经济的影响十分显著。它的上下游产业链牵涉到房地产开发、装饰装修、物业管理、房地产经纪与交易(中介)、房屋租赁、房地产评估、房地产测绘以及下游环节的建筑市场、建材市场等。这些产业贯穿生产、流通、分配和消费等各个领域,存在一荣俱荣、一衰俱衰的现象。因此,很多国家或地区把房地产业视为经济发展的一个主要推动力。西方学者把工业化分为三个阶段:前期、中期和后期。在工业化后期,金融业和房地产业发展速度最快,成为经济的主要增长点。在我国大力推进城镇化发展的过程中,房地产业发展的程度已经成为城镇化程度的一种测量指标。

我国房地产供求现状存在不对等现象,潜在需求大于有效需求,实际供给大于有效供给,房价不能反映房地产供求平衡。2011年,中国政府出台大规模的房地产调控政策,抑制房价过快增长,房地产交易量也出现了同比下降,但房价下降的幅度远小于成交量,甚至一些地区出现有价无市的现象。但是,我国房地产的潜在需求依然巨大,一方面,2007年我国城镇居民人均住宅面积为26平方米,远低于美国实际使用面积的40平方米、德国的38平方米、新加坡的30平方米;[②]另一方面,我国数以亿计的农村人民正迁往城市生活,产生了巨大的房地产潜在需求。

我国房地产实际供给的结构存在不合理,房地产企业热衷于开发商品房,而政府却对经济适用房的建设力度不够,这其中的原因在于企业对利润的追求以及政府财政收入结构的畸形。据不完全统计,土地财政已占据地方政府财政收入的一半。政府为了维持高财政收入,一方面纵容房地产企业的过度投资以及捂盘不售行为;另一方面拖延经济适用房的建设,间接稳定了商品房的有效需求。房地产企业为了稳定房价,采

---

① Chen K C, Tzang D D. Interest Rate Sensitivity of Real Estate Investment Trusts[J]. Journal of Real Estate Research, 1988, 3(3): 13-22.

② 数据来源:《中国统计年鉴·2011》,本章其余数据来源未做说明,则均来自中经网(www.cei.gov.cn)。

取捂盘不售等行为，有意减少有效供给。现在很多大城市已经出现了一些奇怪现象，一是大部分无房人买不起房，另外是大量住宅房空置。

有效需求、实际供给和有效供给之间的关系如图 6.1 所示。如果将投机性购买的住宅房和房地产企业未售房投放销售市场，加上有效供给的商品房，构成了实际供给，那么，在有效需求不变的情况下，房地产价格将从 P_1 下降到 P_2，人们实际住宅用的商品房数量将从 Q_1 上升至 Q_2。

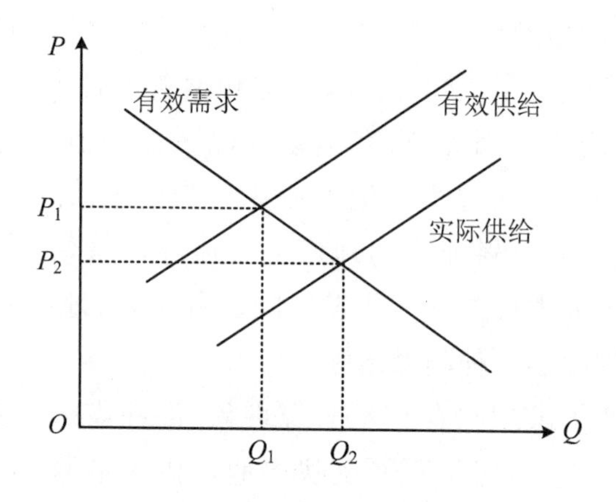

图 6.1 房地产供给与需求

那么，单纯从家庭财富持有住房是否能够有效抵御通货膨胀的角度分析，房地产的价格波动起到至关重要的作用。房价在波动的同时，房屋出租获得的租金收益也是对房地产投资产生影响的重要因素之一。因此，家庭财富投资房地产需要同时考虑通货膨胀、房价和租金三者之间的关系。

6.2 通货膨胀与房地产投资收益的相关性分析

6.2.1 房地产收益的计算

家庭投资房地产获得的收益主要包括两个方面，一是房价上涨获得的资本利得；二是房屋出租获得的租金。因此，后文所说的房地产收益就是指资本利得和租金的总和。通过下列计算公式，可以获得房地产投资名义年收益率：

$$i_t = \frac{L_t}{P_t} + \frac{P_{t+1} - P_t}{P_t} \tag{6.1}$$

其中，i_t 表示房地产投资在 t 年的名义收益率，L_t 表示房屋在 t 年出租获得的租金，P_t 表示 t 年年初房地产交易价格。

如图 6.2 所示，1992 年，商品房销售价格为 995 元/平方米，且一直保持高增长，至 1997 年，商品房销售价格上涨为 1 997 元/平方米。1998 年，亚洲金融危机爆发，一定程度上对我国房地产业产生了负面作用，之后，商品房销售价格也处于微涨态势。1998 年商品房销售价格为 2 063 元/平方米，到了 2003 年，销售价格为 2 359 元/平方米，5 年只上涨了 14.35%。从 2003 年开始，政府将房地产业作为国民经济的新增长点，大力扶持房地产业和银行业，房价也一路飙升。房价从 2003 年的 2 359 元/平方米，涨至 2010 年的 5 032 元/平方米。虽然 2008 年由于全球金融危机价格出现下降，但是之后再次拉升，7 年上涨了 113.3%。2010 年政府针对房地产业出台了诸多调控政策，虽然房价不再上涨，但依然处于历史高点。

在已有的商品房销售价格数据的基础上，可以计算出商品房销售价格增长率，见图 6.3。在 1992～2010 年，1993 年与 2009 年商品房销售价格上涨超过了 20%，有 6 个年份的商品房销售价格上涨在 10%～20%，1998 年和 2008 年的销售价格因外部环境影响出现下跌，其他年份商品房的销售价格增长率在 2%～10%。

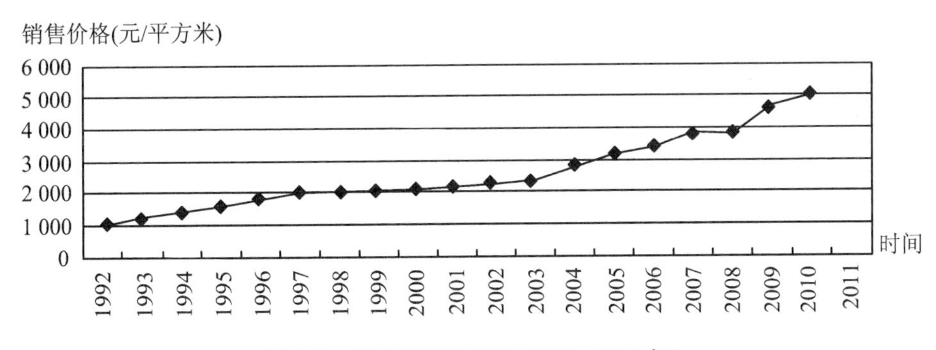

图 6.2　商品房销售价格(1992～2010 年)

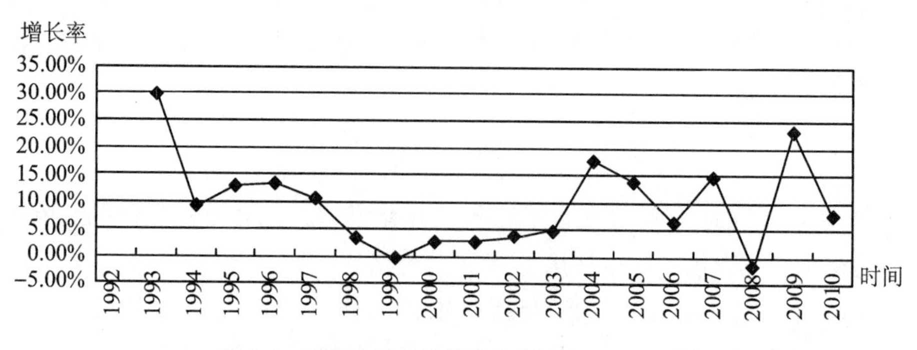

图 6.3 商品房销售价格增长率(1993～2010 年)

图 6.4 显示的是在 1992～2010 年,城市居民租房消费价格增长率。增长率的布局为:1 个年份在 40%以上,2 个年份在 30%～40%,3 个年份在 20%～30%,3 个年份在 10%～20%,其余 10 个年份在 1%～10%。从 1992 年到 2000 年,城市居民租房消费价格增长过快,之后的 10 年租房消费价格逐渐放缓。

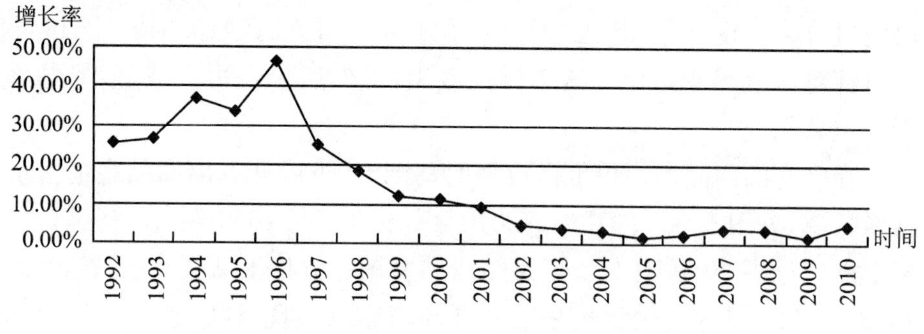

图 6.4 城市居民租房消费价格增长率(1992～2010 年)

由于城市房屋租金年度数据缺失,使用北京、深圳、上海、杭州、天津和青岛 6 个城市的租价比代替全国城市租价比,其中,2005 年平均租价比为 6.22%。[①] 在商品房价格与租房消费价格增长率数据已知的基础上,可以计算出每年商品房每平方米的租金数据,如图 6.5。

① 中国土地勘测规划院城市地价动态监测分析组.我国城市房地产租价比跟踪分析:以北京、上海、深圳、天津、杭州、青岛为例//国土资源部土地利用管理司.2009 中国城市地价状况[M].北京:地质出版社,2010.

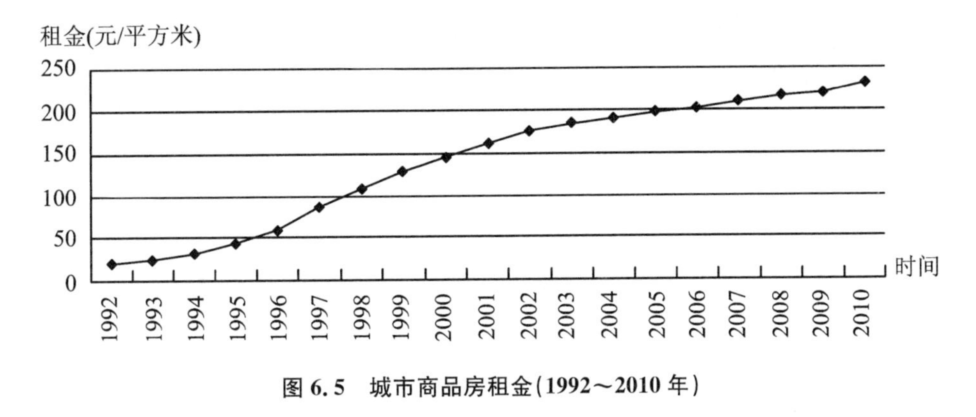

图 6.5　城市商品房租金(1992～2010 年)

1992 年，城市商品房租金为 20.36 元/平方米，经历了 9 年快速上涨，至 2001 年，租金涨至 160.75 元/平方米，增长了约 8 倍。之后，租金上涨步伐放缓，至 2010 年，商品房租金为 231.48 元/平方米。

图 6.6 是通过计算获得的研究需要的房地产投资名义年收益率的数据。1993 年房地产投资的年回报率为 31.73%，1994～1997 年房地产投资年回报率在 10%～20%，1998～2000 年房地产投资年回报率在 5%～10%，2001～2003 年房地产投资收益率在 10%～15%。该数据在 2004 年和 2005 年达 20%～25%，2006 年为 12.3%，2007 年为 20.2%，2008 年收益率在 19 年间最低，为 4.05%，2009 年再次上升为 27.89%，2010 年为 12.1%。

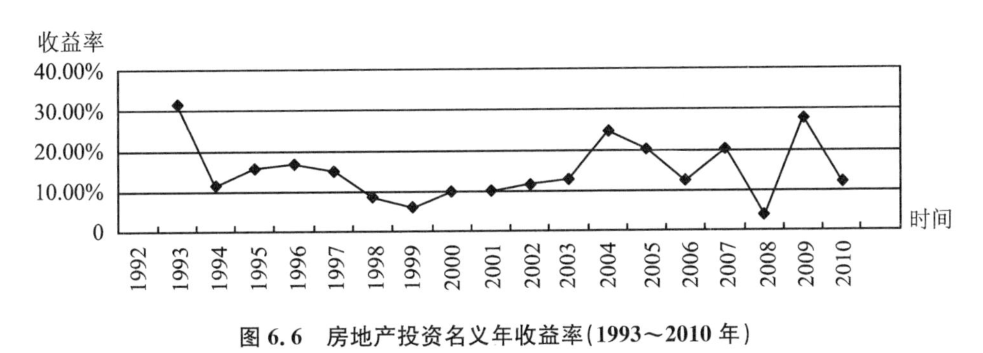

图 6.6　房地产投资名义年收益率(1993～2010 年)

6.2.2　通货膨胀与房地产投资收益相关性

用回归的计量方法对 CPI 增长率和房地产投资收益率的关系进行检验。先考察 CPI 与房地产投资收益率数据的平稳性，使用 ADF 单位根检验平稳性。检验结果如表 6.1 所示。从表 6.1 中可以看出，CPI 增长率的 ADF 值不能拒绝原假设，即 CPI 增长率时间序列数据不平稳，但是一阶差分后的 CPI 增长率在 5%的临界值水平下处于平稳状态，同时，房地产投资收益率的 ADF 值在 1%临界值的水平下同样显著，不存在单位根，属于平稳数据。

表 6.1　CPI 与房地产投资收益率平稳性检验(1993～2010 年)

变　量	ADF 值	1%临界值	5%临界值	10%临界值	是否平稳
CPIZZL	−1.808 315	−3.886 751	−3.052 169	−2.666 593	否
Δ*CPIZZL*	−3.975 579	−4.057 910	−3.119 910	−2.701 103	是
FDCSYL	−5.407 118	−3.886 751	−3.052 169	−2.666 593	是

$FDCSYL_t=0.092\,997-0.665\,205D(CPIZZL)_t+\varepsilon_t$

Prob.　　0.0010　　0.2066

F-statistic＝1.742 646，*R-squared*＝0.104 084

对房地产投资收益率与一阶差分 CPI 增长率进行简单线性最小二乘回归，结果显示，D(*CPIZZL*)系数的 t 统计量为－1.320 093，P 值为 0.206 6，在 10%的临界值水平下不能拒绝原假设，表明房地产投资收益率与 CPI 增长率的相关系数不显著，回归方程得出的 R^2 为 0.104 084，方程的拟合度不足，可以确认两者不存在线性相关性。

因此得出，房地产投资收益率的变化不是因为 CPI 变化直接导致的结果，两者之间不存在直接的相关性，这也和前面分析的房地产市场的兴衰主要由政府政策决定是一致的。那么，在 1993～2010 年，房地产投资是否可以对冲通货膨胀风险？再看除去通货膨胀之后房地产投资实际收益率的变化，如图 6.7 所示。

从图 6.7 中可以看出，在 1993～2010 年，只有 3 个年份的房地产投资实际收益率小于零，其余 15 个年份的房地产投资实际收益率接近或超过 10%，投资收益非常可观。

在短期，通货膨胀对房地产投资收益率的影响不明显，房地产投资收益率不随通货膨胀的变化而变化。但是，从长期来看，过去 20 年的房地产投资不仅可以抵消通货膨胀带来的损失，而且保持着高投资回报率，是家庭比较好的一种保值增值资产形式。

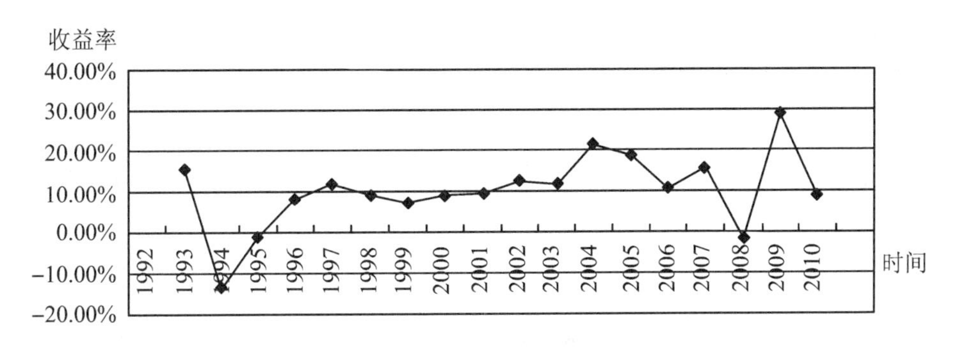

图 6.7　房地产投资实际收益率(1993～2010 年)

6.3　通货膨胀与房地产投资总量的相关性分析

6.3.1　我国房地产投资状况

图 6.8 显示了从 1998 年到 2010 年的我国商品房竣工状况。从总量上看,我国商品房竣工套数一直处于增长态势,我国房地产开发建设取得了很好的成绩。1998 年,商品房总竣工套数为 1 956 061 套,之后平均每年增长 10.64%;到了 2010 年,商品房总竣工套数为 6 582 167 套。在 2004 年,商品房竣工套数出现异常增长 31%,而 2005 年却下降 12.4%。[①]商品房竣工的结构上仍存在很多问题,住宅竣工套数在商品房中占据的比重逐年提高,商品房总套数的增长主要由住宅套数的增加带动的,而经济适用房的竣工套数却没有显著的增加,一直处于稳定建设状态。因此,这种结构的不合理主要是由于政府建设经济适用房的力度不够造成的。各地政府应大力提高经济适用房的建设规模,保证竣工套数占商品房总套数的合适比例。

① 2004 年,新政府出台了关于土地、金融、规划等一系列政策,其中土地“招、拍、挂制度”的实行直接成为房地产市场兴起的根本原因。

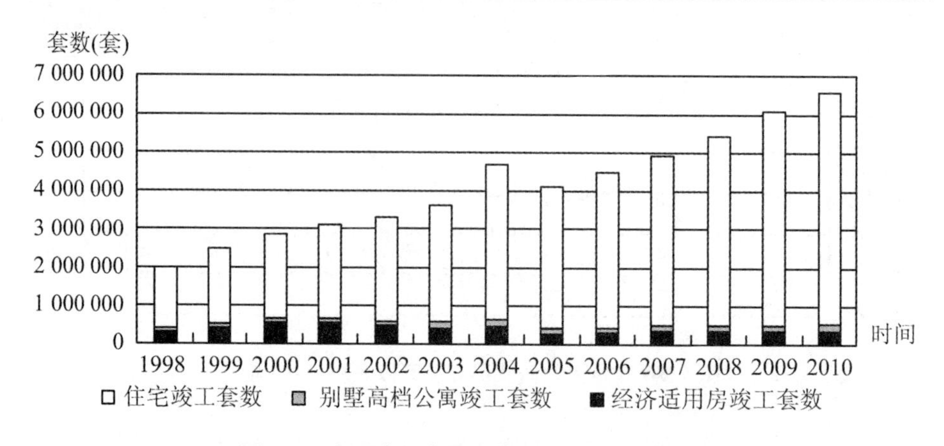

图 6.8　中国商品房竣工状况(1998～2010 年)

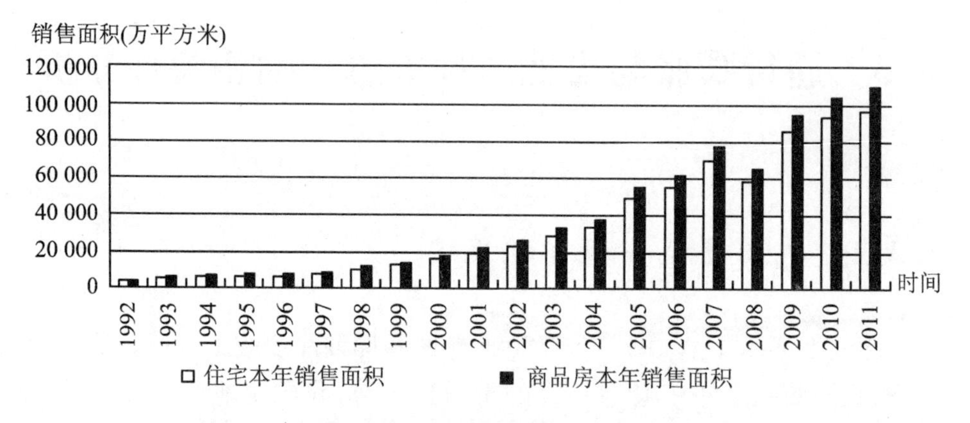

图 6.9　中国住宅与商品房销售面积(1992～2011 年)

如图 6.9 所示,从 1992 年至 2011 年,中国住宅与商品房销售面积平均每年增长率分别为 18.57%、18.32%。2004 年,住宅销售面积为 33 819.89 万平方米,商品房为 38 231.64 万平方米。但是,2005 年,住宅销售面积增长 46.6%,商品房销售面积增长 45.1%。合理的解释为,由于房地产建设工期长,2004 年的房地产政策实施,到房地产销售有 1 年滞后期,致使 2005 年住宅销售面积大增。2008 年金融危机造成房地产销售面积出现了负增长,但紧接的救市政策再次将销售面积拉升,2009 年住宅销售面积增长 43.6%。2010 年开始,受国家房地产调控政策影响,住宅销售面积与 2009 年相比保持平稳,至 2011 年住宅销售面积为 104 764.65 万平方米,商品房销售面积为 109 946 万平方米。

由于房地产价格与销售面积都出现快速增长,所以房地产销售额的增长曲线出现了指数级上升形态，如图 6.10 所示。1992 年住宅销售额为 379.85 亿元，商品房销售额为 426.59 亿元，到了 2010 年销售额为 52 721.24 亿元，平均每年增长 30.68%，远远高于商品房销售面积的 18.32%。

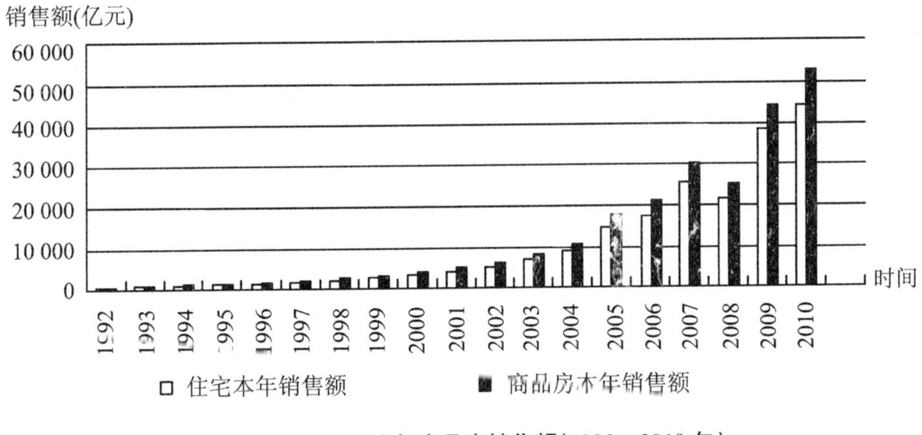

图 6.10　中国住宅与商品房销售额(1992～2010 年)

6.3.2　通货膨胀与房地产投资增长率的相关性

用商品房销售面积增长率作为房地产投资增长率，对通货膨胀是否与房地产投资增长率存在相关性的问题，同样适用最小二乘法对两个变量进行回归，观察检验结果是否符合要求。对两组数据进行平稳性检验(ADF 检验)，检验结果如表 6.2 所示。

表 6.2　CPI 与房地产投资增长率平稳性(1993～2010 年)

变　量	ADF 值	1%临界值	5%临界值	10%临界值	是否平稳
CPIZZL	−1.808 315	−3.886 751	−3.052 169	−2.666 593	否
Δ*CPIZZL*	−3.975 579	−4.057 910	−3.119 910	−2.701 103	是
SPFZZL	−6.668 178	−3.886 751	−3.052 169	−2.666 593	是

$SPFZZL_t = 0.181\,656 - 0.428\,435D(CPIZZL)_t + \varepsilon_t$

Prob.　　0.000 2　　0.617 0

F-statistic = 1.742 646, *R-squared* = 0.017 087

CPI 增长率的平稳性如表 6.2，从检验商品房销售面积增长率的平稳性可以发现，*SPFZZL* 的 ADF 值为−6.668 178，在 1%显著性水平下拒绝原假设，*SPFZZL* 序列数据是平稳的。用最小二乘估计让 *SPFZZL* 对 *D*(*CPIZZL*)进行回归，结果显示，估计出来的 *D*(*CPIZZL*)系数的 t 统计量为−0.510 651，P 值为 0.617 0，超过了 10%临界值范围，因此不能拒绝原假设，*CPI* 增长率不能显著影响商品房销售面积增长率。其次，估计方程的 R^2 为0.017 087，表明方程拟合度不够，两者之间的线性相关关系不显著。

因此，可以认为通货膨胀对房地产投资增长率的影响不显著，通货膨胀率的上升不能使得家庭增加房地产投资。房地产投资增长率的提高主要是由政府对房地产调控的各项政策等因素决定的，尤其是地方政府对房地产的开发政策以及限售政策等。在中国各个地方的房地产政策上，除了地方政府各项政策外，户籍制度与发达地区房地产市场的发展也有着很大的关系。当一些高福利地区政府将户籍制度与房地产挂钩时，住房的价格不单单是住宅的成本，还有各项当地隐性福利的补偿成本。所以，本书认为，相对政府的房地产政策而言，通货膨胀对房地产投资增长率的影响微乎其微。

6.4 通货膨胀与黄金价格

6.4.1 黄金价格

家庭实物资产中，持有黄金等贵金属已经越来越普遍。但是，大多数家庭持有黄金的目的不是为了投资，而是一种炫耀式的消费，譬如购买黄金、珠宝首饰等。真正投资黄金资产的也不仅仅局限于实物资产，由于现代金融体系的完整性和技术障碍的突破，使得投资者投资黄金更多地采用买卖“纸黄金”的投资方式。这种“纸黄金”的交易方式形同股票等虚拟资产在金融市场上买卖。因此，从这方面考虑，又可以将“纸黄金”纳入半强流动性资产。

由于黄金作为一种硬通货，其交易在全球市场上的普遍性也得到了很大的体现。一般而言，黄金在各个国家之间的交易价格差异微乎其微，任何相对大的差价都会产生套利行为，从而使交易价格趋于一致。因此，一个经济不发达的国家或地区的通货膨胀水平对黄金价格的影响几乎为零，它们之间不存在相关性的考察。

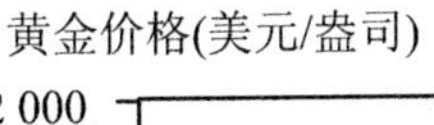

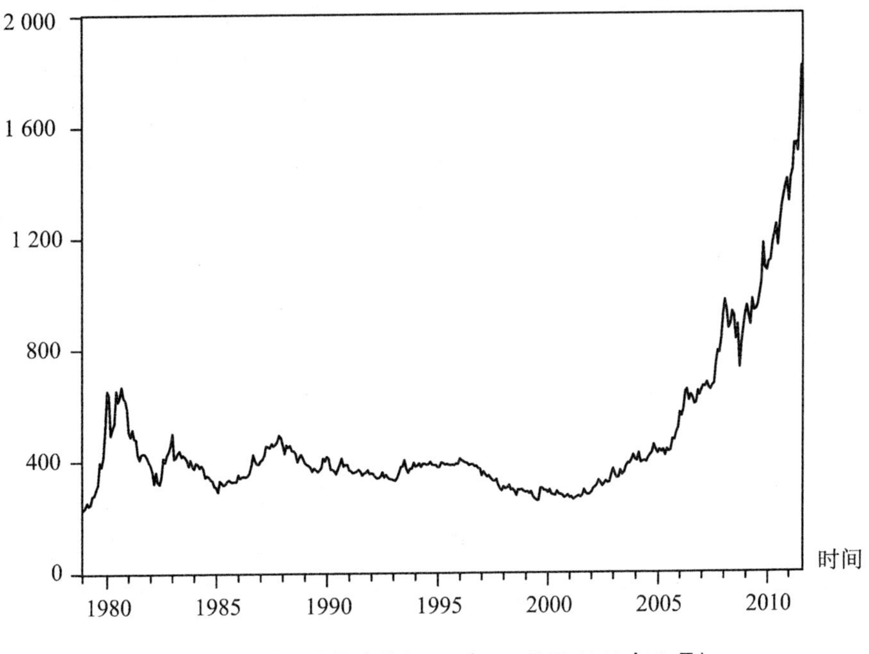

图6.11　黄金价格走势(1978年12月至2011年8月)

图6.11显示了过去30多年来黄金价格的走势。1978年12月31日，黄金价格为226美元/盎司，处于过去30多年来的最低水平。之后的一年多时间，黄金价格进入快速上升阶段。至1980年1月31日，黄金价格在这波上升中达到了最高峰，为653美元/盎司，13个月的时间，金价上涨了近2倍。随之，1980年的一年内，黄金价格一直处于高位震荡，在500～660美元/盎司间徘徊。紧接着黄金价格出现大幅度下跌，1980年12月31日，金价为589.8美元/盎司，到了1982年6月30日，一年半的时间内，金价下跌至317.5美元/盎司，下跌40%左右。随后，金价再次出现了周期性波动，但是波动幅度要明显小于前一次。这次波动导致金

价的高峰为1983年5月31日的437.5美元/盎司,之后的下跌造成的价格低谷却为1985年2月28日的287.8美元/盎司。第三次波动位于1985年2月28日至1989年8月31日,时间较长,波动幅度不大,高峰与低谷分别为1987年11月30日的492.5美元/盎司和1989年8月31日的359.8美元/盎司。从1989年8月31日至1996年10月31日,黄金价格一致处于弱波动期,7年间的金价波动幅度很小,而此时的美国经济处于高增长低通胀的新经济增长阶段。后来,黄金价格迎来了长期的低迷,至2001年12月31日,金价为276.5美元/盎司,持续时间长达5年之久。之后,黄金市场缓慢复苏,至2007年6月29日,黄金价格恢复到了650.5美元/盎司,同样用了5年多时间。在经历了过去10多年的低迷后,黄金价格出现了报复性指数化上涨,至2011年8月31日,金价上升至1 813.5美元/盎司,同时,出现了全球范围的经济危机。从以上的分析可知,黄金价格的走势与全球经济环境密切相关,而与中国的经济运行相关性微弱。

6.4.2 通货膨胀与黄金投资收益率

因为黄金价格由国际市场决定,所以,有理由相信黄金投资名义收益率不受或微弱受到中国通货膨胀的影响。因此,只从黄金投资角度考察,一般水平下的黄金的确可以作为对冲通货膨胀风险的优良资产。国内货币超发而引起的通货膨胀不会影响到黄金投资的实际收益率。家庭若在国际市场买卖黄金,其单位也用美元/盎司计算,与人民币的关联性不强,因人民币已经采用有管理的一篮子货币浮动汇率,通货膨胀上升会引起汇率的变化,黄金价格在国内市场的价格也会得到相应的上升。但是,把黄金作为一种投资工具,投资者也应该考虑到投资黄金的风险-收益关系,这直接决定了家庭是否应该投资黄金资产。图6.12是用黄金的人民币价格计算得出的黄金投资名义月收益率与中国月度环比通货膨胀率。

从图6.12可以看出,CPI增长率月度数据表现出明显的周期性,周期为一年,并且,波动幅度较窄,最高值为2006年12月,CPI环比增长1.4%;最低值为2002年3月,CPI环比增长−1.3%。同时,黄金投资名义月收益率变化程度要显著强于通货膨胀率，波动较大，黄金投资月最高收益率为2009年11月的13.05%，最低收益率为2008年10月的－17.49%，整个期间黄金投资的振幅为30.54%。从图6.12中也可以看出，2007年后，黄金投资月度收益率的波动要显著高于2007年之前，这说明黄金投资的风险已经远远大于前期投资，而这种投资本身存在的风险对家庭资产配置的选择产生了巨大影响。

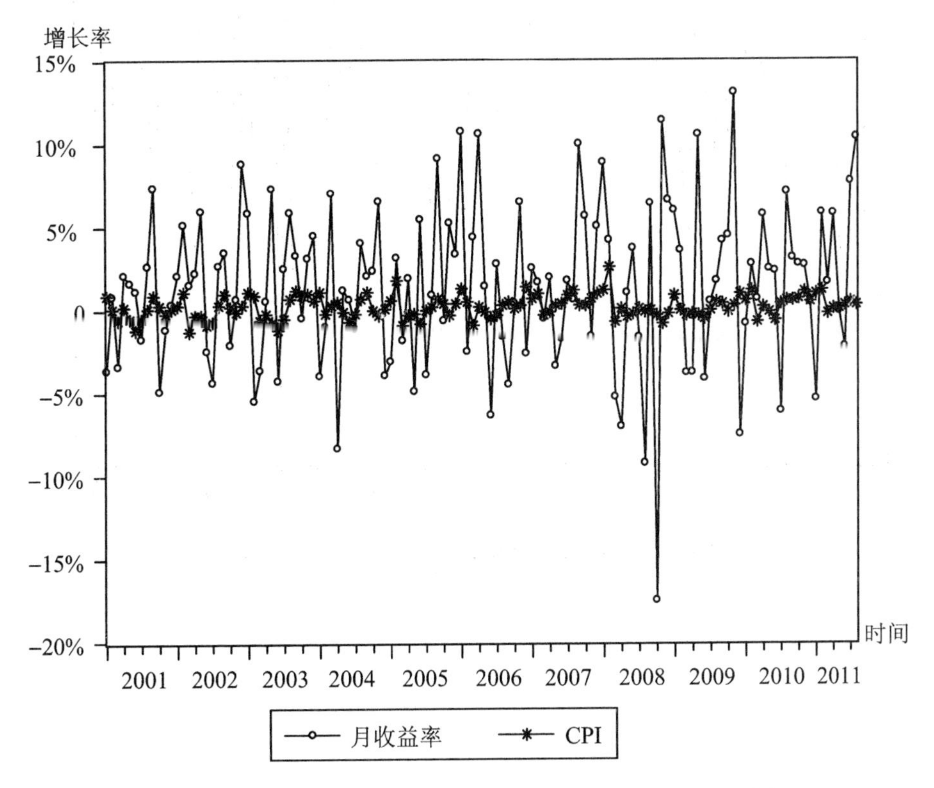

图6.12　通货膨胀与黄金投资名义月收益率(2001～2011年)

图6.13显示了中国黄金投资的实际月收益率，其计算公式为：黄金投资实际收益率＝用人民币表示的黄金投资名义收益率－通货膨胀率。

从2001年1月至2011年8月，黄金投资月实际收益率最大值为12.746 3%，最小值为－17.191 3%，标准差为0.048 146。其中投资实际月收益率为正值的有81个，负值的有47个。从这些数据分析，在过去的10年间，投资黄金具有很强的抵御通货膨胀风险的能力。但是，从整个周期来说，现在的黄金价格处于这个周期的顶端，具有很大的投资风险，家庭资产结构应尽量避免高风险资产。因此，目前黄金不具有投资价值。

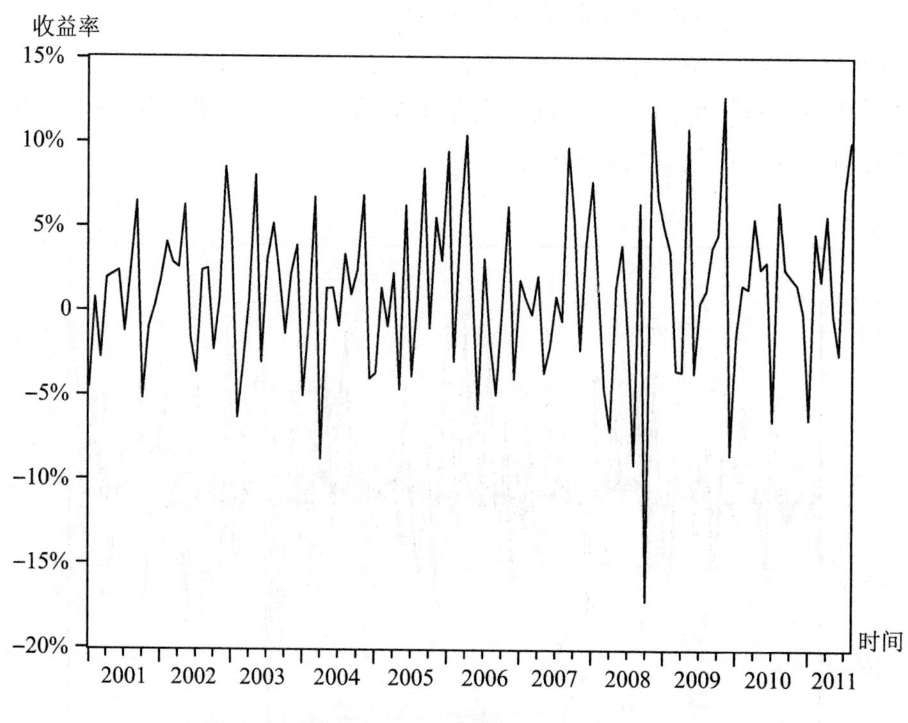

图 6.13　黄金投资实际月收益率(2001～2011 年)

第7章　通货膨胀与家庭资产配置

7.1 引　　言

家庭财富的增长不仅体现在各类资产数量上的增长，而且还与各类资产的价格成正比关系。家庭财富中资产结构的调整，或单个资产数量上的增长，或资产占整个财富比例的提高，都关系到未来整个财富价值的变化，尤其关系到通货膨胀带来的财富贬值风险。因此，如何组合家庭财富中各类资产的投资一直是研究者和投资者关心的重要问题。

美国金融学家戴维认为，美国家庭在家庭财富配置行为的发展上可以分为三个阶段：

(1) 20世纪50年代至70年代的传统投资组合：美国股票60%、债券30%、现金10%。此时，投资方式还比较单一，而且不涉及外国资产的投资，也很少考虑房地产。

(2) 20世纪80年代的代表性投资组合：美国股票30%、美国债券15%、现金10%、房地产5%、私募股权风险资本5%、非美国股票18%、非美国债券5%、新兴市场股票10%、新兴市场债券2%。到了20世纪80年代，投资方式的多样化开始显现，美国家庭对外国股票与债券的投资兴趣有很大的提升，特别是对新兴市场股票的兴趣。

(3) 20世纪90年代至今的代表性投资组合：美国股票26%、美国债券12%、现金9%、房地产5%、私募股权风险资本5%、非美国股票18%、非美国债券5%、新兴市场股票10%、新兴市场债券2%、绝对收益策略8%。从20世纪90年代的投资组合中可以发现,家庭在投资上更加注重低风险、高回报的投资产品,如绝对收益策略。而且在20世纪90年代,美国经济经历了10年的低通货膨胀、高增长,金融行业快速发展,金融产品更加丰富、多样,也增加了家庭对创新型金融产品的投资,家庭财富得到迅速增值。

从整个演变的过程分析可以得出以下结论:

(1) 股票投资占整个家庭财富的比例依旧很大,从20世纪50年代的60%到80年代的58%,再到90年代的54%,每个阶段的股票投资都占了50%以上。因此,股票投资在家庭财富中的作用不可替代。

(2) 现金通货占家庭财富的比例几乎维持不变,只是20世纪90年代后期减少了1%,这完全可以用前文分析的原因解释,交易需求和预防需求具有刚性。

(3) 投资方式趋向于多样化、全球化发展。从20世纪50年代只有3种传统投资产品到90年代的10种投资渠道,各种风险-收益类别的金融产品满足不同投资者的要求。而且,美国家庭投资更加关注新兴经济体的投资产品,新兴经济体的未来发展的广阔前景慢慢吸引了众多美国家庭。

美国在1991～2001年,各种投资产品的投资收益率如表7.1所示。

表7.1 美国投资产品预期收益率(1991～2001年)

	艺术品	国库券	商品	标普500	MSCI EAFE	债券	黄金	私募股权	房地产	对冲基金
预期收益率	3.37%	4.82%	1.91%	15.64%	6.43%	8.18%	−2.70%	31.81%	14.75%	17.38%

数据来源:《资产配置的艺术》。

如表7.1所示,在10种投资产品中,只有一种投资产品——黄金的预期收益率为负值,视为不理想的投资。而占家庭财富比重最大的股票投资收益率为15.64%,新兴投资方式中的对冲基金为17.38%,高于股票投资。以20世纪90年代的投资组合计算,可以得出家庭财富投资组合的预期收益率约为12.25%。而1991～2001年,美国平均通货膨胀率为约2.8%。[①] 因此，20世纪90年代美国家庭的代表性资产组合的预期收益率远高过通货膨胀率，具有对冲通货膨胀风险的能力。

家庭投资组合不仅是为了防范通货膨胀风险，而且还期望获得更高的增值能力。本章后面的内容以我国为例，主要分析过去20年来中国家庭资产配置的变化，特别是各类资产在整个家庭财富中所占比重的变化，其次考察中国家庭财富结构变化对对冲我国通货膨胀风险有何影响。

7.2　我国家庭资产配置现状

本章涉及的宏观总量数据主要来源于《中国统计年鉴2011》，以及对相关数据加以处理。其中，房地产本年销售额数据的处理方式为：本年度房地产的总价值为从1991年销售额至计算之日的价格涨幅加权加总。采取这种处理方式主要原因：首先，由于房地产价值从1991年后开始得到重视，并且之前的很多建筑由于重建等原因不再计算；其次，由于之前数据的缺失或者统计误差，用本年销售额与之前房地产总价值的价格涨幅引起的财富总量变化的加总，来代替每年房地产财富的增值，对分析每年的家庭财富变化有一定的可替代性。财富总量的变化主要考察商品房、存款、现金、股票总市值、社会保险基金期末结余、证券投资基金、国债、企业债券等8种资产。这些资产已经基本涵盖了家庭财富的主要三大类资产。

对个体均值财富的度量，采用2009年国家统计局对12个省级行政区的5 056名城镇居民家庭户主的调查。[②] 其中，样本户主的平均年龄为50岁，平均受教育年限为12年，平均家庭人口数量为2.8人。

表7.2显示了1991～2010年各种资产价值总量或本年总量的变化情况，为了得到需要的数据材料，再次对其处理。首先，由于证券投资基金是从事股票、债券等金融工具投资，并将投资收益按基金投资者的投

① http://inflationdata.com/default.asp.

② 调查地区：北京、辽宁、河北、山西、山东、河南、江西、江苏、广东、海南、四川、甘肃。

资比例进行分配的一种间接投资方式，故不将其作为家庭财富考虑的对象。其次，为了便于计算，假设国债的偿还期为5年，企业债的偿还期为1年，并将两者加总，统称为债券。将每项资产价值除以总财富得出每项资产占总资产的比重，可以得出如表7.3的结果。

表7.2 中国主要资产总量(1991～2001年)

单位：亿元

年份	商品房	存款	现金	股票市价总值	社会保险基金期末结余	证券投资基金规模	国债发行额	企业债券(含短期融资券)发行额
1991	237.859 7		3 177.8	—	169.7	—	—	—
1992	664.4497		4336	1048	252.8	—	461	684
1993	1 417.205 165 8	26867.1	5864.7	3531	303.7	—	381	236
1994	1 961.154 833 5	36 714	7 288.6	3 691	365.7	—	1 138	162
1995	2 407.789 261 9	49 088.2	7 885.3	3 474	516.8	—	1 511	301
1996	2 854.823 513 5	63 275.5	8 802	9 842	696.1	—	1 848	269
1997	3 377.541 245 8	77 667	10 177.6	17 529	831.6	—	2 412	255
1998	4 372.252 048 1	89 458.9	11 204.2	19 506	791.1	120	3 809	148
1999	5 488.987 256 4	101 480.3	13 455.5	26 471	1 009.8	510	4 015	158
2000	7 009.176 697 5	114 088	14 652.7	48 091	1 327.5	562	4 657	83
2001	8 906.265 530 3	132 125.3	15 688.8	43 522	1 622.8	804	4 884	147
2002	11 074.361 889	156 948.3	17 278	38 329	2 423.4	1 319	5 934	325
2003	14 280.233 36	188 930.7	19 746	42 458	3 313.8	1 615	6 280	358
2004	19 744.435 511	219 439	21 468.3	37 056	4 493.4	3 309	6 924	327
2005	29 408.473 153	257 398.1	24 031.7	32 430	6 073.7	4 714.18	7 042	2 046.5
2006	39 506.146 146	299 272.9	27 072.6	89 404	8 255.9	6 020.67	8 883.3	3 938.3
2007	53 789.182 204	341 651.6	30 375.2	327 141	11 236.6	22 339.8	23 139.1	5 058.5
2008	54 462.242 112	409 986.6	34 219	121 366	15 176	25 741.79	8 558.2	8 435.4
2009	75 235.209 626	524 807.7	38 246	243 939	18 941.5	26 767.05	17 927.24	15 864.4
2010	100 402.337 08	631154	44628.2	265423	22902.7	24228.35	19778.3	15491.45

表7.3　中国主要资产占比(1992～2001年)

年份	商品房(占比)	存款(占比)	现金(占比)	股票市价总值(占比)	社会保险基金期末结余(占比)	债券(占比)
1993	3.63%	68.78%	15.01%	9.04%	0.78%	2.76%
1994	3.76%	70.38%	13.97%	7.08%	0.70%	4.11%
1995	3.58%	73.09%	11.74%	5.17%	0.77%	5.65%
1996	3.13%	69.47%	9.66%	10.81%	0.76%	6.16%
1997	2.88%	66.31%	8.69%	14.97%	0.71%	6.44%
1998	3.21%	65.68%	8.23%	14.32%	0.58%	7.98%
1999	3.40%	62.77%	8.32%	16.37%	0.62%	8.51%
2000	3.47%	56.48%	7.25%	23.81%	0.66%	8.33%
2001	4.02%	59.57%	7.07%	19.62%	0.73%	8.98%
2002	4.44%	62.86%	6.92%	15.35%	0.97%	9.40%
2003	4.84%	64.08%	6.70%	14.40%	1.12%	8.86%
2004	5.96%	66.25%	6.48%	11.19%	1.36%	8.76%
2005	7.69%	67.30%	6.28%	8.48%	1.59%	8.66%
2006	7.86%	59.56%	5.39%	17.79%	1.64%	7.76%
2007	6.55%	41.59%	3.70%	39.82%	1.37%	6.98%
2008	7.80%	58.72%	4.90%	17.38%	2.17%	9.02%
2009	7.66%	53.41%	3.89%	24.83%	1.93%	8.29%
2010	8.67%	54.49%	3.85%	22.92%	1.98%	8.10%

从表7.2、表7.3中,我们可以看出几个特点:

(1) 除了个别年份一些资产价值出现异常值外,各类资产价值总量在1991～2010年都呈现出上升趋势,这说明20年来的经济高速增长使得国家财富出现加速升值。

(2) 商品房投资占总财富比重在近10年来有显著提高。从2000年的3.47%上升至2010年的8.67%,增长了一倍多,主要原因在于商品房价格的上升与商品房建筑面积的快速累加。

(3) 存款占财富比重稳步下降。1993年我国居民存款占总财富的比重高达68.78%，除了异常值2007年的41.59%外，到了2010年这个比例稳步降到了54.49%，并有继续下降的趋势。这表明家庭投资渠道的多元化将逐步分化存款比重，家庭不再将存款视为唯一的投资渠道。

(4) 现金占比下降趋势明显。虽然现金通货在总量上一直上升，但是由于其功能上的限制，现金占总财富的比重不能像其他投资性产品那样快速提高，并且人们为了使自身财富不被贬值，将尽快使闲余资产投向其他有高收益的投资品。

(5) 股票总市值占财富比重稳步上升。这说明家庭已经意识到投资股票对财富增值保值的重要性，并且股票投资信息等相关专业知识的传播也起到了很大的促进作用。

(6) 国家开始重视社会保险基金对社会的作用，不断提高人们参与社会保险的积极性。

(7) 近10年来债券占比变化不大。不仅因为国家对债券市场规模的限制，而且近些年来的国债发行额与GDP的比重保持稳定。

表7.4 家庭资产-负债结构

单位:元

家庭金融资产					
	均值	占金融资产比重		均值	占金融资产比重
银行存款	50 317	78.08%	债券	1 021	1.59%
股票	7 779	12.07%	外汇	277	0.43%
基金	5 007	7.77%	期货	40	0.06%
家庭非金融资产					
	均值	占非金融资产比重		均值	占非金融资产比重
自有房屋	371 190	85%	现金	4 249	0.97%
家庭耐用消费品	20 950	4.8%	自有生产性固定资产	3 043	0.70%
其他资产	13 992	3.2%	收藏品	1 345	0.31%
住房公积金	9 658	2.21%	借出款	1 000	0.23%
家庭经营活动	5 859	1.34%	其他金融理财产品	309	0.07%

续表

家庭非金融资产					
	均值	占非金融资产比重		均值	占非金融资产比重
保险金	5 106	1.17%	向企业或其他经营活动的投资	5	0
家庭负债					
	均值	占总负债比重		均值	占总负债比重
住房	2 779	92.66%	股票投资	1	0.05%
教育	203	6.77%	耐用品购买	2	0.06%
做生意	5	0.17%	生活困难	2	0.05%
治病	5	0.18%	其他	2	0.07%

表7.4显示了2009年家庭居民资产-负债结构情况。在金融资产中，银行存款依旧占比78.08%，而股票和基金总占比为19.84%，债券和外汇占家庭资产中的比例分别为1.59%和0.43%。这反映了在家庭财富中，银行存款依然是普通家庭的主要投资渠道。在家庭非金融资产中，自有住房的比例高达85%，家庭对改善住房条件的渴望依然很大。值得一提的是，住房公积金的比例为2.21%，有了很大突破。在家庭负债一项，住房和教育为最主要的两项负债，占总负债的比例分别为92.66%和6.77%，这主要源于家庭购买住房的主要资金渠道为银行按揭贷款。

7.3　通货膨胀与家庭资产配置的相关性分析

本节主要分析通货膨胀与中国家庭财富中各类资产占总财富的比重是否具有相关性。采用表7.3的数据以及《中国统计年鉴2011》的相关数据，通过建立模型，描述各个变量之间的关系，再对估计结果进行分析。

7.3.1 建立模型

假设商品房(fdc)、存款(ck)、现金(xj)、股票市值(gp)、社保基金期末结余($sbjj$)和债券(zq)占总财富的比重与CPI(cpi)有某种相关性。

基本模型如下：

$$fdc_t = a_1 + a_2 * cpi_t \tag{7.1}$$

$$ck_t = b_1 + b_2 * cpi_t \tag{7.2}$$

$$xj_t = c_1 + c_2 * cpi_t \tag{7.3}$$

$$gp_t = d_1 + d_2 * cpi_t \tag{7.4}$$

$$sbjj_t = g_1 + g_2 * cpi_t \tag{7.5}$$

$$zq_t = k_1 + k_1 * cpi_t \tag{7.6}$$

约束条件为：

$$fdc_t + ck_t + xj_t + gp_t + sbjj_t + zq_t = 1 \tag{7.7}$$

7.3.2 计量分析

需要考察各个变量是否属于时间平稳序列，用ADF单位根检验，得出的结果如表7.5所示。

表7.5　各类资产占总财富比重的平稳性

变量	ADF值	1%临界值	5%临界值	10%临界值	是否平稳
cpi	−1.808 315	−3.886 751	−3.052 169	−2.579 818	否*
fdc	0.228 205	−3.886 751	−3.052 169	−2.666 593	否*
ck	−1.992 934	−3.886 751	−3.052 169	−2.666 593	否*
xj	−2.984 493	−3.886 751	−3.052 169	−2.666 593	否**
gp	−2.553 133	−3.886 751	−3.052 169	−2.666 593	否*
$sbjj$	−0.321 988	−3.886 751	−3.052 169	−2.666 593	否*
zq	−3.518 629	−3.886 751	−3.052 169	−2.666 593	否***

注：*** 表示在1%的显著性水平下；** 表示在5%的显著性水平下；* 表示在10%的显著性水平下。

表7.5显示，在1%的显著性水平下没有一个序列是平稳的；在5%

的显著性水平下只有 zq 属于平稳序列，但是由于国债在总财富中的比重不超过10%，所以为了计算方便，将所有变量都放在1%的显著性水平下考察平稳性，得出的结论为7个变量时间序列不平稳。因此，可以考察它们之间是否存在相关性，用OLS估计模型，估计结果如下：

$fdc_t=0.055\,029-0.073\,843cpi_t+\varepsilon_t$

P　　(0)　　　　(0.285 1)

$F=1.222\,871, R^2=0.071\,003$

$gp_t=0.1888\,94-0.529\,699cpi_t+\varepsilon_t$

P　　(0)　　　　(0.046 8)

$F=4.642\,686, R^2=0.224\,907$

$ck_t=0.598\,638+0.490\,991cpi_t+\varepsilon_t$

P　　(0)　　　　(0.047 7)

$F=4.600\,355, R^2=0.223\,314$

$sbjj_t=0.012\,215-0.017\,501cpi_t+\varepsilon_t$

P　　(0)　　　　(0.333 3)

$F=0.995\,295, R^2=0.058\,563$

$zq_t=0.085\,326-0.213\,373cpi_t+\varepsilon_t$

P　　(0)　　　　(0)

$F=42.582\,95, R^2=0.726\,883$

$xj_t=0.059\,898-0.343\,424cpi_t+\varepsilon_t$

P　　(0)　　　　(0.000 2)

$F=23.723\,75, R^2=0.597\,218$

以上的估计结果显示，xj、zq 系数的 P 值等于0，在1%的显著性水平下拒绝原假设，模型具有很好的拟合性。gp、ck 系数的 P 值分别为0.0468、0.0477，在5%的显著性水平下显著。因此，可以认为 xj、zq、gp、ck 与CPI存在协整关系，具有一定的相关性。但是 fdc 和 $sbjj$ 的系数在10%的显著性水平下不能拒绝原假设，认为 fdc 和 $sbjj$ 与 cpi 不具有明显的线性相关性。

7.3.3　计量结果分析

通过以上的计量分析，可以得出以下几个结论：

（1）房地产投资占家庭财富的比重与通货膨胀不具有明显的相关性，这与现实相吻合，家庭投资房地产的一个重要因素是满足自身住房或改善住房条件，由于我国城镇化过程加快，房地产投资占家庭财富的比重也相应逐步上升。

（2）股票总市值占家庭财富的比例与通货膨胀呈负相关关系。这种关系可能由两种因素造成：一种因素为股票市值是家庭财富的一部分，市值下降或上升影响到家庭财富总值的下降或上升；另一种因素是通货膨胀可能对股票收益产生一定影响，造成投资者投资选择的变化。

（3）银行存款占比与通货膨胀呈正相关关系，系数为 0.49。

（4）社会保险基金期末结余与通货膨胀不存在相关性，我国社会保险基金是一种预防性保险基金，家庭投资这种基金更看重它的长期保险作用。因此，不会因为通货膨胀而减少购买。

（5）债券占家庭财富的比重与通货膨胀之间存在很强的相关性，而家庭投资债券的额度不是由家庭决定，更多的是由国家和企业债券发行额决定，一种可能的解释为当通货膨胀上升时，企业或国家也需要发行更多的债券来满足企业或国家的资金需求。

（6）现金通货占家庭财富的比重与通货膨胀呈负相关关系。这种现象依旧可以用第 4 章的结论加以解释，由于现金通货的实际收益率为通货膨胀的相反数，因此，当通货膨胀率很高时，现金贬值速度加快，人们在满足刚性需求的前提下，尽可能地减少现金通货的持有。

（7）存款与股票投资占总财富的比重呈现互补性。当股市向好时，人们更多的是取出存款，转向投资股票；当股市收益走低时，人们则会减少股票投资，而投向银行存款。

第8章　总结及政策建议

8.1　总　　结

本书主要探讨的是通货膨胀与家庭资产配置之间的关系。以中国家庭各类资产的时间序列数据为基础，分析不同形态的资产在过去的20年里是否具有对冲通货膨胀风险的作用，研究其对家庭来说是否具有增值保值的财富效应。

第一，本书介绍了家庭资产的概念与分类形式。家庭资产主要是指家庭可能拥有的不同类型的合法资产，是任何一种有价值的可以在有形或无形市场上交换的有形或无形资产。它的特征即各类资产的特征，即合法性、收益性、风险性、流动性。家庭资产的分类方式有很多种，按收益性分类可以分为消费资产和投资资产；按风险性分类可以分为无风险资产和风险资产；按流动性分类可以分为流动资产和固定资产；按资产属性分类可以分为实物资产、金融资产和无形资产。为了研究的方便，本书将资产按流动性重新划分为强流动性资产、半强流动性资产和弱流动性资产。强流动性资产是指不受时间、地点制约，能够按照资本市场价格快速变现，并用于支付的资产。半强流动性资产是指不能在任何时间或地点按照市场价格变现，但是可以在短期内（一般是七天或某一个时间范围），在特定市场上按市场价格买卖的资产。弱流动性资产是指除了强流动性资产和半强流动性资产之外的一切资产，包括固定资产。

第二,本书介绍了通货膨胀对家庭资产配置影响的相关理论及内在机制。从家庭资产配置分类的强流动性资产、半强流动性资产和弱流动性资产中分别选择一种代表性的资产展开讨论。分别介绍了通货膨胀对现金通货、股票价格、房地产价格影响的各种理论,详细说明了通货膨胀影响各种资产价格波动的内在机制。通货膨胀影响强流动性资产收益的理论主要是使用费雪方程式研究通货膨胀率与实际利率之间的关系。关于通货膨胀影响半强流动性资产价格的理论,介绍了联准会模型(Fed Model)、股利贴现模型(Dividend Discount Model,DDM)、基于"戈登增长模型"与"Fed 模型"的通胀幻觉估值模型。通货膨胀影响半强流动性资产价格的内在机制主要是通过货币政策和财政政策两个渠道实现。关于通货膨胀影响弱流动性资产价格的理论,本书介绍了基于"货币幻觉"的 Markus K. Brunnermeier 和 Christian Julliard(2006)的模型。由于代理人货币幻觉的存在,通货膨胀的发生导致投资者产生了房价估值偏差,引起住房价格的非理性波动。通货膨胀对房地产价格的影响机制主要表现在三个方面:(1) 通货膨胀率上升,房地产建设成本也会上升,房价上涨;(2) 利率上升使房地产企业融资成本上升,并且融资更加困难;(3) 利率上升使家庭投资房地产资金成本加大,需求下降,价格下跌。对家庭资产配置选择理论,零交易成本下,资产的选择一般遵循马克维茨资产组合理论——对正交易成本,理性化的家庭决策者会根据自己掌握的信息和需求状况配置家庭资产。

第三,本书探讨了通货膨胀与家庭资产配置中的强流动性资产收益的相关性,选择强流动性资产中的现金通货与活期存款作为两种代表性的资产分别加以分析。由于通货膨胀是持有货币的成本,而货币的名义收益率为零,因此,货币的实际收益率即是通货膨胀率的相反数,一般情况下为负数。总之,对家庭资产来说,一般情况下,强流动性资产的名义收益率无法对冲通货膨胀带来的损失,即强流动性资产的实际收益率大多数情况下都小于零。这个结论表明,为了使家庭资产得到有效的增值保值,在保证基本需要的条件下,应尽量减少强流动性资产的持有。

第四,本书考察通货膨胀与半强流动性资产之间的关系,选取股票作为半强流动性资产的代表性资产。研究发现,在短期内,股票收益不随通货膨胀率的变化发生同向变化,股票资产不具有对冲通货膨胀风险的作用;但在长期,趋势线下的股票投资获得的股票期望收益率远远高于通货膨胀率。所以,股票资产不仅可以对冲通货膨胀风险,而且具有财富增值能力。通货膨胀与 A 股投资者的开户数增长率之间无直接关系,通货膨胀不是家庭选择股票市场投资的直接原因,通货膨胀的变化不会产生更多的个人投资者。通货膨胀与投资者人均持有 A 股股票资产总量增长率无直接关系。在长期,它们之间的关系不显著,通货膨胀率的上升不会造成投资者人均持有 A 股股票资产总量的增加。

第五,本书分析了通货膨胀与弱流动性资产的关系,将房地产作为弱流动性资产的代表,着重研究通货膨胀与房地产投资收益、房地产投资增长率的关系,探讨家庭投资房地产是否能够对冲通货膨胀的风险,以及房地产投资是否具有增值保值的能力等。就房地产投资收益率来看,在短期内,通货膨胀对房地产投资收益率的影响不明显,房地产投资收益率不随通货膨胀的变化而变化。但是,在长期,过去 20 年的房地产投资不仅可以抵消通货膨胀带来的损失,而且保持着高投资回报率,是家庭比较好的一种保值增值资产形式。通过分析 CPI 增长率与房地产投资增长率之间的关系发现,通货膨胀对房地产投资增长率的影响不显著,通货膨胀率的上升不能增加家庭房地产投资,房地产投资增长率的提高主要是由政府对房地产调控的各项政策等因素决定的。由于前期黄金价格上涨过快,黄金投资的预期收益率下降,未来黄金投资风险加大,因此,对家庭而言,应减少黄金投资比重,防范黄金投资风险。

第六,本书着重分析了通货膨胀与中国家庭资产配置之间的关系。通过建立简单的线性模型,估计各类资产占总财富的比重与通货膨胀的线性相关关系。研究发现,房地产投资与社会保险基金期末结余占家庭资产的比重与通货膨胀不具有明显的相关性,股票总市值占家庭资产的比例与通货膨胀呈负相关关系,银行存款占比与通货膨胀呈正相关关系,债券占家庭资产的比重与通货膨胀之间存在很强的伪相关性,现金通货占家庭资产的比重与通货膨胀呈负相关关系。

8.2 政策建议

对投资者来说，对冲通货膨胀风险，增加家庭资产的增值保值能力，是资产结构变化的一个重要因素。我国相关政府部门除了正确引导投资者合理投资之外，还需要制定相关的政策措施，加强投资者对多元化投资渠道的信心。当前，宏观经济稳定运行存在很大的不确定性，通货膨胀率是否会继续上升也是一个未知数。因此，对家庭来说，如何优化家庭资产的配置，防止通货膨胀造成家庭资产的价值损失，也就成为众多投资者关心的话题。下文在分析通货膨胀与各类资产相关性的基础上，基于我国投资市场的现实，提出一些政策建议，供政策制定者与家庭投资者参考。

8.2.1 拓展投资渠道，促进投资多元化

自改革开放以来，我国社会主义市场经济体制的建立促进了经济快速、自由、健康发展。但是，我国金融体制改革相对滞后，相对西方发达国家而言，仍处于落后状态。从前文的分析可知，在家庭金融资产中，银行存款占据了78%以上的份额，而在实物资产中，自由住房同样占据了85%左右的投资份额，投资渠道依然十分单一。因此，我国可以通过不同的途径拓展家庭投资渠道，改变投资渠道单一性，促进家庭投资多元化。

促进家庭投资多元化的具体措施包括：(1) 引进发达国家先进金融创新工具，增加金融创新产品，可以有效快速地增加金融投资渠道。(2) 鼓励金融机构建立金融产品研发部门，在吸收国外金融投资产品的同时，将其改造成符合我国国情的金融产品，满足家庭多元化投资需求。(3) 针对通货膨胀风险，利用金融创新工具开发指数化市场利率，减少资本实际收益率的波动。(4) 进一步开放国际优秀金融企业进入我国金融

市场，加强市场竞争力度，改善市场环境，提高金融业服务水平，间接吸引投资者对新兴投资产品的关注。(5) 逐步降低企业注册门槛，改善创业环境，将有利于家庭将一部分财富投资于商业活动，改善实物资产投资渠道单一的处境。

8.2.2　普及投资知识，提高投资者信心

过去的 30 年里，尽管我国居民在知识结构水平上有了很大提升，但经济常识普及程度依旧不够。在广大群众中，投资的概念与相关知识的缺乏造成了投资者投资其他产品的意识淡薄，即使居民彼此介绍了各种金融产品，但是由于不了解金融产品的特点与风险，缺乏赢利信心，所以也不敢轻易投资，造成了我国家庭具有零风险储蓄的高倾向。

针对这个问题，我们可以通过以下几个措施向人们普及投资知识：首先，政府或相关金融机构可以通过印发通俗金融知识读物，宣传金融产品，改变家庭理财观念，强化居民风险投资意识。其次，政府可以通过教育从小培养人们的经济学实用知识，比如，在高中学习阶段开设经济学课程，培养学生投资兴趣。第三，利用广大媒体的强大宣传功能，比如，在电视栏目中开设经济学等相关投资课程，邀请著名投资学者通俗式讲解投资知识，吸引更多人的投资兴趣。第四，定期在广大农村开办金融知识讲座，拓展农民金融投资视野，引导农民进行多元化投资。

8.2.3　完善资本市场体制改革，改善投资环境

由于我国市场经济体制还不完善，资本市场依旧存在着结构不合理、运行不规范、经济法规不健全等很多制度性问题，导致了家庭担心制度性风险造成的不必要损失，人们不愿意在证券市场里长期投资。因此，我国必须加快政治体制改革，进一步促进经济体制完善，加快资本市场结构合理化，规范资本市场运行，健全各项经济法律法规，真正使各种投资、融资渠道成为家庭与企业间资金互补桥梁，提高家庭参与社会投资力度。

首先，进一步完善证券市场体制改革，建立与国际资本市场接轨的

市场体制。我国证券市场自萌芽阶段开始,经历了二十多年的发展,已经基本形成了一个各项功能完善的资本运行系统。但是不可否认,我国证券市场依然是一个以投机为主、投资为辅的资本市场,证券市场波动性远大于经济实体,致使股市不能成为我国经济的晴雨表。因此,政府应该完善证券市场运行机制,严格监督与监管各个金融机构的行为,减少投机行为,使股市能真正反映出经济运行状况。

其次,加快保险产业建设步伐,提高保险业在家庭资产中投资比重。由于我国保险产业起步晚,家庭投保意识不强,造成很多家庭不信任保险对疾病、养老等预防需求。因此,我国需要建立一套完备的保险业相关法律,将家庭投保安全性置于法律的框架内,确保保险公司能够安全高效运营家庭投资资本,保证家庭投资收益。为了使家庭对保险品种有更多的选择,保险公司应根据地区或年龄需求开发多种险种,增加市场吸引力。

第三,加大债券市场融资规模,提高家庭债券市场投资比重。由于债券的收益率相对稳定,风险较小,所以作为一种投资产品,能够满足一部分风险厌恶型投资者的需求。债券市场主要分为两类:国债和企业债券。国债由于安全性与银行存款相似,风险却高于银行存款,因此,加大国债发行额能够吸引银行存款流向债券市场,可以有效减少家庭银行存款占金融资产中的比重。而企业债券作为企业另外一个融资渠道,规范企业债券的发行,不仅可以使得家庭资产直接参与企业经营,而且能够改善企业的资产负债状况,同时为家庭提供了更多的投资渠道选择。

8.2.4 减少强流动性资产配置比重,提高资产对冲通胀能力

通货膨胀是家庭持有货币的成本,即在通货膨胀情况下,货币的收益率为负值,即成本。而且,各国的中央银行为了维护经济,同时收取通货膨胀税,都会超额发行货币,使得经济体处于温和的通货膨胀之中。中国的广义货币增长率在过去的10年里一直处于15%的水平上。但是,1997年后,我国家庭持有的货币财富的总量却一直保持10%以上的增长速度。而且在中国经济历史中,活期存款的实际收益率在过去10年里基本为负数,定期存款(一年期)实际收益率在0附近徘徊。在2009年

样本调查中，银行存款（包括定期存款）所占家庭金融资产的比重为 78.08%。2010 年中国主要资产中，银行存款（包括定期存款）所占的比重为 54.5%。因此，家庭应该尽可能减少强流动性资产配置比重，同时提高半强流动性资产配置比例，以免资产遭受通货膨胀损失。

8.2.5　增加半强流动性资产配置比重，优化投资结构

分析美国家庭资产组合的发展阶段可以得知，股票投资占总投资的比重在 20 世纪 50 年代至今一直保持在 50%以上的份额。也就是说，一般家庭会把自身财富的 50%投入企业，获得收益。相比之下，我国家庭投资证券市场的比重却小得多，这不仅与投资知识的缺失、资本市场的不健全相关，而且还与我国农村居民的投资习惯密切相关。由于我国居民人均收入依旧很低，而医疗、教育等成本却非常高，我国居民潜意识中风险厌恶程度很高，因此，更多地规避高风险的股票市场。

对家庭而言，逐步提高股票资产占家庭资产的比重是一种趋势，这需要加强居民的风险-收益相关性意识，让居民了解更多投资产品的风险-收益特征，优化资产配置，使家庭资产结构更加合理化，让各类资产组合形式一个适合自己风险偏好的适应自己的投资策略。加强资产组合动态性，使得家庭当前的财富结构匹配紧跟我国经济政策环境，让家庭资产提升增值保值能力，对冲通货膨胀风险，提高家庭资产的实际收益率。

8.2.6　加大人力资本投资，提高潜在收益率

虽然本书忽略了人力资本投资的影响，但是人力资本已经成为家庭中一项非常重要的投资内容。随着经济发展，人力资本已经逐渐成为一个国家或地区经济增长的源泉。舒尔茨指出，人力资本的增长要快于物质资本的增长，国民收入的增长也要比物质资源的增长要快，这恰恰表明了人力资本对促进经济增长的重要作用。有经验数据显示，人力资本投资的回报率为 40%左右，这个回报率要远远超过任何一种金融资产或实物资产的投资回报率。因此，家庭应该加大人力资本的投资，提高家

庭资产的潜在收益率。由于人力资本投资的收益存在长期性、隐蔽型的特征，所以，家庭在人力资本投资上缺乏动力。

对家庭来说，应该从长远出发，转变思想观念，重视人力资本投资的作用。比如，提高家庭在教育上的投资比重，让家庭成员都学习到自身发展所需要的各项技能或知识，弥补自身薄弱环节，不断学习新技能以适应世界知识格局的千变万化，提升自身发展空间。

参考文献

Ando A, Modigliani F, 1963. The Life Cycle Hypothesis of Saving: Aggregate Implications and Tests[J]. The American Economic Review, 53(1): 55-84.

Ameriks J, Zeldes S P, 2004. How do Household Portfolio Shares Vary with Age? [D]. Mimeo of Columbia University.

Balduzzi P, Lynch A W, 1999. Transactions Costs and Predictability: Some Utility Cost Calculations[J]. Journal of Financial Economics, 52: 47-78.

Banks J W, Blundell W, Smith J P, et al, 2002. Wealth Portfolios in the UK and the US[C]. NBER Working Paper: 9128.

Barberis N, 2000. Investing for the Long Run when Returns are Predictable[J]. Journal of Finance(1): 225-264.

Barberis N, Huang M, Santos T, 2001. Prospect Theory and Asset Prices [J]. The Quarterly Journal of Economics, 116 (1): 1-53.

Basak S, Cuoco D, 1998. An Equilibrium Model with Restricted Stock Market Participation[J]. Review of Financial Studies, 11(2): 309-341.

Bertaut C, Haliassos M, 1998. Precaution Portfolio Behavior from a Life-Cycle Perspective[J]. Journal of Economic Dynamics and Control, 21 (8): 1511-1542.

Bertaut C, McCluer S, 2002. Household Portfolios in the United States [M]. Cambridge: MIT Press.

Bodie Z, Robert C, Samuelson W F, 1992. Labor Supply Flexibility and Portfolio Choice in a Life-Cycle Model [J]. Journal of Economic

Dynamics and Control,16(3-4):427-449.

Bodie Z, Crane D B, 1997. Personal Investing: Advice, Theory, and Evidence[J]. Financial Analysts Journal,53(6):13-23.

Brennan M J, Schwartz E S, Lagnado R, et al, 1997. Strategic Asset Allocation[J]. Journal of Economic Dynamics and Control,21(8-9):1377-1403.

Brennan M J,Xia Y H,2002. Dynamic Asset Allocation under Inflation [J]. Journal of Finance(3):1201-1238.

Campbell J Y,Shiller R J,1988. The Dividend-price Ratio and Expectations of Future Dividends and Discount Factors[J]. Review of Financial Studies,1(3):195-228.

Campbell J Y,1991. A Variance Decomposition for Stock Returns[J]. Economic Journal,101:157-79.

Campbell J Y,Vuolteenaho T,2004. Inflation Illusion and Stock Prices [J]. American Economic Review Papers and Proceedings, 94(2): 19-23.

Campbell J Y, Cocco J F, 2003. Household Risk Management and Optimal Mortgage Choice[D]. Cambridge: Working Paper, Harvard University.

Campbell J Y,Viceira L M,1999. Consumption and Portfolio Decisions when Expected Returns are Time Varying[J]. Quarterly Journal of Economics(4):433-495.

Campbell J Y,Viceira L M,2001. Who Should Buy Long Term Bonds? [J]. American Economic Review,91 (1):99-127.

Campbell J Y,Andrew W,Mackinlay A C,1997. The Econometrics of Financial Markets[M]. Princeton:Princeton University Press.

Campbell J Y,Chanb Y L,Viceira M,2003. A Multivariate Model of Strategic Asset Allocation[J]. Journal of Financial Economics, 67 (1):41-80.

Campbell J Y,Vuolteenaho T,2004. Inflation Illusion and Stock Prices [C]. NBER Working Paper.

Case K E, Shiller R J, 1989. The Efficiency of the Market for Single-Family Homes[J]. American Economic Review, 79(1): 125-137.

Chatrath A, Liang Y, 1998. REITs and Inflation: A long-Run Perspective [J]. Journal of Real Estate Research, 16(3): 311-325.

Chen K C, Tzang D D, 1988. Interest Rate Sensitivity of Real Estate Investment Trusts[J]. Journal of Real Estate Research, 3(3): 13-22.

Cocco J F, Gomes F J, 2001, Maenhout P J. Consumption and Portfolio Choice over the Life Cycle[C]. Insead: Working Paper.

Cocco J F, 2000. Portfolio Choice in the Presence of Housing[C]. London: London Business School Working Paper.

Fama E F, 1975. Short-term Interest Rates as Predictors of Inflation[J]. American Economic Review, 65(3): 269-282.

Fama E F, 1990. Term-Structure Forecasts of Interest Rates, Inflation, and Real Returns[J]. Journal of Monetary Economics, 25(1): 59-76.

Fama E F, Schwert G W, 1977. Asset Returns and Inflation[J]. Journal of Financial Economics, 5(2): 115-146.

Feldstein M, 2005. Reducing the Risk of Investment-Based Social Security Reform[C]. NBER Working Paper: 11084.

Geske R, 1983, Roll R. The Fiscal and Monetary Linkage Between Stock Returns and Inflation[J]. Journal of Finance, 38(1): 1-33.

Gollier C, 2001. The Economics of Risk and Time[M]. Cambridge: MIT Press.

Gollier C, Zeckhauser R J, 2002. Horizon Length and Portfolio Risk[J]. Journal of Risk and Uncertainty, 24(31): 195-212.

Gollier C, 2011. Portfolio Choices and Asset Prices: The Com-parative Statics of Ambiguity Aversion[J]. Review of Economic Studies, 78(4): 1329-1344.

Gomes F J, Miehaelides A, 2003. Portfolio Choice with Habit Formation: a Life-Cycle Model with Uninsurable Labor Income Risk[C]. London: London Business School Working Paper.

Gomes F, Michaelides A, 2005. Optimal Life Cycle Asset Allocation:

Understanding the Empirical Evidence[J]. Journal of Finance,60(2):869-904.

Guiso L,Jappelli T,2002. Household Portfolios in Italy[M]. Cambridge:MIT Press.

Ibbotson A, 2003. Stocks, Bonds, Bills, and Inflation: 2003 Year-book: Market Results for 1926—2002[C]. Chicago:Ibbotson Associates.

Kochar A,2004. Ill-health,Savings and Portfolio Choices in De-veloping Economies[J]. Journal of Development Economics,73:257-285.

Levy H,1978. Equilibrium in an Imperfect Market:A Constraint on the Number of Securities in the Portfolio [J]. European Economic Review,68(4):643-658.

Lobo M,Fazel M,Boyd S,2007. Portfolio Optimization with Linear and Fixed Transaction Costs[J]. Annals of Operations Research,152(1):376-394.

Maki A, Aiyoshi E, 1997. Optimal Household Portfolio Be-havior[J]. Mathematics and Computers in Simulation,43:519-525.

Mankiw N G,Zeldes S P,1991. The Consumption of Stockholders and Non-Stockholders[J]. Journal of Financial Economics,29(1):97-112.

Mao J,1970. Essentials of Portfolio Diversification strategy[J]. Journal of Finance,25(5):1109-1121.

Markowitz H,1952. Portfolio Selection[J]. Journal of Finance, 7(1):77-91.

Brunnermeier M K, Julliard C, 2006. Money Illusion and Housing Frenzies[C]. NBER Working Paper.

Marquez J,2005. Lifecycle Funds Can Help Companies Mitigate Risk and Boost Employee Savings[J]. Workforce Management(4):65-67.

Mc-Carthy J,Peach R W,2004. Are Home Prices the Next Bubble? [J]. FRBNY Economic Policy Review,10(3),1-17.

Merton R C,1969. Lifetime Portfolio Selection under Uncertainty:The Continuous-Time Case[J]. Review of Economics and Statistics, 51(3):247-257.

Merton R C, 1971. Optimum Consumption and Portfolio Rules in a Continuous-time Model [J]. Journal of Economic Theory, 3 (4): 373-413.

Michael J H, 1968. Household Demand for Financial Assets [J]. Econometrica, 36(1): 97-118.

Modigliani F, Cohn R, 1979. Inflation, Rational Valuation and the Market [J]. Financial Analysts Journal, 37(3): 24-44.

Motley B, 1970. Household Demand for Assets: A Model of Short-Run Adjustments[J]. The Review of Economics and Statistics, 52(3): 236-241.

Muellbauer J, Murphy A, 1997. Booms and Busts in the UK Housing Market[J] The Economic Journal, 107: 1701-1727.

Newey W K, West K D, 1987. A Simple, Positive Semidefinite, Heteroske-dasticity and Autocorrelation Consistent Covariance Matrix[J]. Econometrica, 55: 703-708.

Patel N, Subrahmanyam M, 1982. Optimal Portfolio Selection with Fixed Transaction Costs[J]. Management Science, 28(3): 303-314.

Patinkin D, 1962. Money, Interest, and Prices[M]. New York: Harper and Row.

Piazzesi M, Schneider M, 2008. Inflation Illusion, Credit and Asset Prices [M]Chicago: University of Chicago Press.

Poterba J M, 1984. Tax Subsidies to Owner-Occupied Housing: An Asset-Market Approach[J]. Quarterly Journal of Economics, 99(4): 729-752.

Rabin M, 1998. Psychology and Economics [J]. Journal of Economic Literature, 36(1): 11-46.

Rubens J, Bond M, Webb J, 1989. The Inflation-Hedging Effectiveness of Real Estate[J]. Journal of Real Estate Research, 4(2): 45-56.

Samuelson P, 1963. Risk and Uncertainty: the Fallacy of the Law of Large Numbers[J]. Scientia, 98: 108-113.

Samuelson P, 1969. Lifetime Portfolio Selection by Dynamic Stochastic

Programming[J]. Review of Economics and Statistics, 51: 239-246.

Sharpe W, 1964. Capital Asset Prices: A Theory of market Equilibrium under Conditions of Risk[J]. Journal of Finance, 19(3): 425-442.

Shefrin H, Statman M, 2000. Behavioral Portfolio Theory[J]. Journal of Financial and Quantitative Analysis, 35(2): 127-151.

Siebenmorgen N, Weber M, 2003. A Behavioural Model for Asset Allocation [J]. Journal of Financial Markets and Portfolio Management, 17(1): 15-42.

Strong N, Xu X, 2003. Understanding the Equity Home Bias: Evidence from Survey Data [J]. Review of Economics and Statistics, 85: 307-312.

Stulz R, 2005. The Limits of Financial Globalization [J]. Journal of Finance, 60(4): 1595-1638.

Summers L, Carroll C, 1987. Why is U. S. National Saving So Low? [J]. Brookings Papers on Economic Activity(2): 607-636.

Telmer C I, 1993. Asset-pricing Puzzles and Incomplete Markets [J]. Working Papers, 48(5): 1803-1832.

Tesar L, Werner I, 1994. International Equity Transactions and US Portfolio Choice. In J. A. Frankel, The Internationalization of Equity Markets[M]. Chicago: University of Chicago Press.

Tesar L, Werner I, 1995. Home Bias and High Turnover[J]. Journal of International Money and Finance(14): 467-492.

Thaler R, Benartzi S, 2004. Save More Tomorrow: Using Behavioral Econo-mics to Increase Employee Saving [J]. Journal of Political Economy, 112(1): 164-187.

Tobin J, 1958. Liquidity Preference as Behavior Toward Risk[J]. Review of Economic Studies(25): 65-86.

Van Rooij M, Kool C, Prast H, 2007. Risk-return Preferences in the Pension Domain: Are People Able to Choose? [J]. Journal of Public Economics, 91: 701-722.

Van Soest, A, 1995. Structural Models of Family Labor Supply: A

Discrete Choice Approach[J]. Journal of Human Resources, 30(1): 63-88.

Vissing Jorgensen A, 2002. Towards an Explanation of Household Portfolio Choice Heterogeneity: Non-financial Income and Participation Cost Structures[C]. NBER Working Paper: 8884.

Watson W, 2003. Benefits Handbook [C]. Watson Wyatt Partners, Reigate, Surrey, UK.

Yao R, Zhang H H, 2003. Optimal Consumption and Portfolio Choices with Risky Housing and Borrowing Constraints[D]. Working paper, University of North Carolina.

Yao R, Zhang H H, 2005. Optimal Consumption and Portfolio Choices with Risky Housing and Borrowing Constraints [J]. Review of Financial Studies, 18(1): 197-239.

Zeldes, S P, 1989. Optimal Consumption with Stochastic Income: Deviations from Certainty Equivalence[J]. Journal of Economics, 104: 275-298.

陈斌开,李涛,2011. 中国城镇居民家庭资产:负债现状与成因研究[J]. 经济研究(1).

程兰芳,2005. 中国城镇居民家庭经济结构分析[M]. 中国经济出版社.

樊纲,余根钱,1992. 体制改革时期的储蓄增长:对近年来中国城镇居民储蓄增长的原因分析[J]. 金融研究(6).

泛晓芳,高继祖,2007. 股市收益与通货膨胀率:中国数据的 ARDL 边界检验分析[J]. 统计与决策(理论版)(2).

弗雷德里克・S・米什金,2008. 货币金融学[M]. 郑艳文,译. 北京:中国人民大学出版社.

郭宝洁,张鹏,2010. 浅谈房地产价格上涨原因及对策[J]. 生产力研究(7).

胡胜,刘旦,2007. 宏观经济变量对房地产价格的影响[J]. 统计与决策(19).

黄家骅,1997. 中国居民投资行为研究[M]. 北京:中国财政经济出版社.

黄平,2006. 我国房地产"财富效应"与货币政策关系的实证检验[J]. 上海金融(6).
姜志悌,1999.优化居民家庭金融资产结构,积极引导居民合理消费[J].消费经济(1).
孔丹凤,吉野直行,2010.中国家庭部门流量金融资产配置行为分析[J].金融研究(3).
雷明国,2003.通货膨胀、股票收益与货币政策[D].北京:中国社会科学院.
李京文,2001.现代资产组合理论研究[D].北京:中国社会科学院.
李俊,2010.家庭资产配置研究[D].昆明:云南财经大学.
李实,2000.中国居民收入分配实证研究[M].北京:社会科学文献出版社.
李亚培,2007.房地产价格与通货膨胀:基于我国的实证研究[J].海南金融(4).
李永江,周忠学,2001.谈现代资产组合理论在我国的应用[J].商业研究(12).
连建辉,1998.城镇居民资产选择与国民经济成长[J].当代经济研究(2).
刘仁和,2009.通货膨胀与中国股票价格波动:基于货币幻觉假说的解释[J].数量经济技术经济研究.
刘湘海,2008.基于生命周期的家庭资产配置模型[D].天津:天津大学.
刘楹,2007.家庭金融资产配置行为研究[M].北京:社会科学文献出版社.
马柯维茨,2000.资产选择、投资的有效分散化[M].刘军霞,张一弛,译.北京:首都经济贸易大学出版社.
曼昆,2002.经济学原理[M].梁小尼,译.北京:三联书店,北京大学出版社.
曼昆,2009.宏观经济学[M].卢远瞩,译.北京:中国人民大学出版社.
潘伟荣,梅雪,2002.政策变化对中国股市产生的影响分析[J].华泰证券研究报告(12).
彭晞彦,2008.中国房地产市场收益率与通货膨胀关系的实证研究[D].上海:复旦大学.
卿太祥,2002.关于个人理财的几个问题研究[D].成都:西南财经大学.

瞿强,2007.资产价格波动与宏观经济政策困境[J].管理世界(10).
斯特朗,2005.投资组合管理[M].北京:清华大学出版社.
孙元欣,2005.美国家庭资产结构和变化趋势(1980—2003)[J].上海经济研究(11).
王亚平,2006.住房价格上涨对CPI的传导效应[J].经济学家(6).
肖变英,2004.我国上市公司股票价格与宏观经济的互动关系研究[D].武汉:武汉科技大学.
肖燕,2009.人民币汇率变动对制造业股票收益率的影响研究[D].长沙:湖南大学.
邢大伟,2009.居民家庭资产选择研究:基于江苏扬州的实证[D].苏州:苏州大学.
威廉·夏普,2001.投资组合理论与资本市场[M].北京:机械工业出版社.
温思凯,2010.中国股票市场波动成因分析[D].成都:西南财经大学.
吴卫星,荣苹果,徐芊,2011.健康与家庭资产选择[J].经济研究(S1).
张昌仁,1998.现代资产组合理论与资本市场均衡模型:兼论在我国资本市场的适用性[J].当代经济研究(4).
张杨,2011.通货膨胀预期与资产价格的相关性研究[D].南京:南京大学.
赵志君,1998.我国居民储蓄率的变动和因素分析[J].数量经济技术经济研究(8).
朱光磊,1998.当代中国社会各阶层分析[M].天津:天津人民出版社.
滋维·博迪,亚历克斯·凯恩,艾伦·J·马库斯,2008.投资学[M].北京:机械工业出版社.
邹红,喻开志,2010.我国城镇居民家庭资产选择行为研究[J].金融发展研究(9).
邹红,2010,黄慧丽.居民家庭资产与消费的变动关系:基于1999～2009年城镇季度数据的实证检验[J].中央财经大学学报(10).

后　记

作为一个80后，我自认为是幸运的。出生后未遇上老一辈人回忆中的为衣食而忧的生活，而且接受了良好的教育。依稀记得小时候，我的家庭条件在当地的农村算是中上等，20世纪90年代初家里就盖了两层小楼，还买了彩电、VCD等家用电器，同村的孩子们都喜欢来我家里看电影。1998年，我家搬到了当地的中学附近，花了近10万元重新盖了两层房子(宅基地)。2003年后，家庭条件更是逐年改善，父亲在电管站工作，母亲做保险销售工作，工作虽辛苦但也幸福自得。但是，慢慢地发现，同乡人的生活条件比我们改善得更快、更好，很多人由于工作、学习等各种原因去了大城市(以北京、上海居多)，逐渐在那里安了家。细想之下，家庭条件差距正好与我国的房地产价格成了正比。2010年，父亲把中学附近的住房卖了约20万元(私下买卖)，这笔钱用在了老家房子的修缮上。12年间，这套住房价格上涨了一倍。同时，生活用品中猪肉的价格也从13元/千克上涨至20元/千克，城市商品房的价格从2 000元/平方米上涨至5 000元/平方米。虽然老家住得越来越舒适，但是因为土地是农村宅基地，不能用于交易，也就不能算是资产了。而很多人因为早期在城市买了住房，房价上升，他们的资产也就跟着上涨。后来，我的家庭条件在当地算是较差的了。

在华中科技大学求学期间，我的导师张卫东教授经常跟我们说一个例子：20世纪80年代末期，“万元户”的称号说明一个家庭如果拥有一万元的资产，在当地可算是富有者了；而到了2010年，如果一个家庭拥有一百万的资产，那么他可能在武汉连一套100平方米的住房都买不起。仅仅20年，情况变化已经如此之大。有人可能会说，城市住房也好，农村住房也好，都是为了住，价格上涨下跌对家庭来说，意义不大。可是我国城镇化进程在加快，农村人口一直在下降，大学生基本上都工作、生活在城市里了，也有不少人将自己的父母接到了城里。农村的住宅虽然大，但是很多已经空置了。

其实，住房只是资产配置的一个方面。20 年来，我国的房价上涨的速度比较快，股票也成为居民的一种非常重要的资产配置形式，中国大妈排队抢购黄金的盛况还在不断上演……这些反映了随着物价不断上涨，普通民众对资产配置的一种焦虑。我的家庭条件的变化过程不会是个例，所遇到的也是很多人未来共同面临的问题。如何合理地配置资产才能追上经济发展的步伐，别让家庭资产随着各类商品的价格上升相对缩水，这也是本书研究的重点内容。

本书是在我的博士论文的基础上完成的，由于很多数据的更新存在一些问题，因此并没有更新相关数据。我个人以为，数据和结果只是阶段性的，分析的方法才是根本，希望本书的分析过程对读者在资产配置方面有些许启发。当然，正如第 1 章所述，资产配置的影响因素很多，本书对通货膨胀与资产配置关系的讨论总是有所局限的，文中不当之处还请读者指正。

在本书相关内容研究和整理过程中，我的导师张卫东教授早在博士论文期间就给予了很多指导，安庆师范大学经济与管理学院杨国才教授在数据、内容等方面提了不少中肯的建议，中国科学技术大学出版社的编辑在出版过程中也给予了很大帮助，在此一并表示感谢！

最后，我要感谢我的家人，尤其是我的父亲和母亲，从我读小学起，就非常重视我的教育，不断鼓励我读书奋进，在我求学期间，不论家里条件如何，在读书上都不会吝啬一分钱，让我可以安心学习，没有生活之忧。虽然父亲已经过世，但是他给我们树立了很好的榜样！妻子虞新波勤劳善良，不但要照顾我们年幼的孩子，还承担了很多家务，很好地传承了中华民族的美德。让她们生活得更好，也是我未来奋斗的目标！

徐向东

2017 年 10 月于鹅公山下